正向教養
必修課

AIDER SON ENFANT À SE RECENTRER
ET À REVENIR AU CALME!

好動孩子不失控

從容應付20種生活情境，幫助2～8歲孩子
釋放過多精力和學習平靜，一起放鬆身心

蘿拉‧卡迪隆妮 著
Laura Caldironi

克蕾蒙斯‧丹尼葉 繪
Clémence Daniel

陳文怡 譯

好動孩子不失控：

從容應付 20 種生活情境，幫助 2 ～ 8 歲孩子釋放過多精力和學習平靜，一起放鬆身心

Aider son enfant à se recentrer et à revenir au calme!

作　　　者	蘿拉・卡迪隆妮（Laura Caldironi）	
譯　　　者	陳文怡	
封面設計	呂德芬	
編輯協力	莊勳瑜	
內頁構成	高巧怡	
行銷企畫	林芳如	
企畫統籌	駱漢琦	
業務發行	邱紹溢	
業務統籌	郭其彬	
責任編輯	張貝雯	
副總編輯	何維民	
總　編　輯	李亞南	

國家圖書館出版品預行編目資料

好動孩子不失控：從容應付 20 種生活情境，幫助 2 ～ 8 歲孩子釋放過多精力和學習平靜，一起放鬆身心／蘿拉・卡迪隆妮（Laura Caldironi）著；陳文怡譯. ─ 初版. ─ 台北市：地平線文化出版／漫遊者文化出版：大雁文化發行，2020.1；80 面；17×23 公分
譯自 Aider son enfant à se recentrer et à revenir au calme!
ISBN 978-986-98393-1-0（平裝）
1. 育兒 2. 過動兒 3. 親職教育
428.8　　　　　　　　　　　　　　108021983

發 行 人	蘇拾平	
出　　　版	地平線文化／漫遊者文化事業股份有限公司	
地　　　址	台北市松山區復興北路三三一號四樓	
電　　　話	（02）27152022	
傳　　　真	（02）27152021	
讀者服務信箱	service@azothbooks.com	
漫遊者臉書	www.facebook.com/azothbooks.read	
劃撥帳號	50022001	
戶　　　名	漫遊者文化事業股份有限公司	
發　　　行	大雁文化事業股份有限公司	
地　　　址	台北市松山區復興北路三三三號十一樓之四	

初版一刷　2020 年 1 月
定　　　價　台幣 230 元
I S B N　978-986-98393-1-0
版權所有・翻印必究（Printed in Taiwan）

好動孩子不失控

從容應付20種生活情境，幫助2～8歲孩子
釋放過多精力和學習平靜，一起放鬆身心

目錄

前言

- 小孩演泰山演得好嗨，死命抓著客廳的窗簾不放⋯⋯
- 去朋友家作客，進門不到五分鐘，小孩就把人家的客廳變戰場⋯⋯
- 你發現自己可以把家裡每一本童書的第一頁背得爛熟，因為永遠無法讓小孩往下讀第二頁⋯⋯
- 回想最近與孩子一起出門購物的情景，簡直就是活生生上演影集《超級保姆》（*Super Nanny*）裡的一幕⋯⋯

「胡搞瞎搞」、「調皮搗蛋」、「破壞王」、「屁股長蟲動不停」、「災難啊災難」⋯⋯以上這些光是飄過腦海就快讓你抓狂的形容詞，信手拈來簡直要多少就有多少！

做為父母，在孩子的成長過程中，相信你常會浮現茫然的無力感——究竟要怎麼做才能讓他們穩穩妥妥的長大？要怎麼協助他，讓他學會自己冷靜穩定，也讓你的育兒生活不至於太崩潰？本書將會提供你答案。

注意力不足過動症（attention deficit hyperactivity disorder，簡稱 ADHD）*，是指神經發育方面的慢性障礙，而且只有專科醫師和心理治療師才能診斷治療這種疾病。然而，即使不是 ADHD 的孩子，對許多小朋友來說，要能穩定的釋放精力、抒發情緒，其實也是很困難的事。

不管你家孩子是單純的「很好動」，還是被診斷有 ADHD，本書的練習活動與訓練技巧都會對你有所幫助，不僅簡單、好玩，並循序漸進的教你怎麼在日常生活中從容引導孩子。部分練習會以遊戲的方式進行，有時甚至不必特別講解，孩

> ## 畫重點
>
> - 約有 3 ～ 7% 的孩子會罹患注意力不足過動症。**
> - 小男孩患有 ADHD 的可能性比小女孩高出三倍。
> - ADHD 會遺傳。
> - 根據歷來的研究調查，筆者觀察到兒童有 ADHD 的問題並不限於個別國家，它是一種全球性的病症。

---

* 編注 1：法文的注意力不足過動症為 Le trouble du déficit de l'attention avec ou sans hyperactivité，縮寫「TDAH」，本書則採用台灣醫學界慣常使用的英語縮寫 ADHD。

** 編注 2：根據 2015 年《注意力不足過動症：衛生福利部心理衛生專輯 03》資料，ADHD 在台灣盛行率 5 ～ 7%，男女比例為 4：1。（詳見台灣衛福部網站連結：https://www.mohw.gov.tw/dl-1728-547a9d89-00e5-4e9e-b998-26cff0ee69e7.html）

子就能從中學會放鬆自己，開始去感受、認識自己的身體動作，如此一來，自然也就能進一步學習管理情緒、培養專注力和紓解過剩的精力。

你是每天都要跟小孩耗上一整天的主要照顧者（當然了，你要先能接受「和小孩在一起，保證每分每秒都有驚喜」）；或者，只要一想到要帶小孩上餐廳吃飯、出門購物就頭皮發麻？接下來會有實用的方法，幫孩子**放鬆身體、平穩呼吸**，讓你更輕鬆有效的處理很多狀況；其中有些**訓練遊戲**還能提升孩子的專注能力，強烈建議你和孩子一起玩！

為什麼我家孩子老是動不停？

許多孩子好像屁股長蟲，成天動個不停，吵吵鬧鬧，做一件事專心不了幾分鐘……會有這種情況，可能是孩子本身的性格特質，但也可能是他們當下感到不舒服或焦慮；當然，還有可能是特殊事件所引起（像是搬家、父母離婚、近親過世等刺激）。但不管如何，當小孩的注意力不集中已經造成生活困擾，或者他們很容易做出衝動性的行為，這時大人往往會認定他們生病了！在此，我們先來認識 ADHD 這種病症。

ADHD 有三大特徵：

* 容易分心。
* 特別衝動。
* 靜不下來。

要注意的是，只有當以上症狀**極為顯著**，而且在**日常生活中的不同領域**（包括在家裡和學校）已經造成問題，再加上持續期間**至少有六個月**，我們才會明確判斷孩子罹患 ADHD。此外，這些症狀並不是絕對值，還必須參酌孩子當時的年紀，**跟一般同齡小孩相比**是否特別明顯？

患有 ADHD 的孩子會坐不住，老愛亂碰周

> **小提醒**
>
> 過動的孩子其實並不是壞孩子，
> 他們既不兇惡也不會傷害別人。
> 他不是故意要這麼調皮，
> 只是無法控制自己
> 表現出來的舉動。
> 他的行為不代表他的意願。
> 這種孩子就好像是
> 「才剛開始學滑雪的菜鳥」
> ── 他還不會減速，
> 也還沒學會該如何在滑行中暫停，
> 就必須在眼前一片漆黑的滑雪道上
> 跌跌撞撞的前進。

圍的東西、發出噪音，而且不分場所喜歡爬上爬下；一碰到突發狀況，他們很容易反應過度，基本上大人很難要求他們專心。這樣的孩子會不斷從一項活動轉移到另一項活動，也因為容易衝動、不顧危險，往往讓自己置身險境。長期下來不僅影響家庭生活，對孩子的學校、社交生活也都會造成負面影響。ADHD 是一種失調狀態，必須有合適的照顧計畫來幫助患者，包括服用藥物、進行行為與認知的復健治療、家庭治療，而生活教育也需要配合調整。

　　你如果懷疑孩子有 ADHD，請別猶豫，趕緊和家庭醫師談談，並尋求專科醫師（精神科、職能治療等）的診斷與意見。

1

重拾家裡平和：
建立有效的生活常規

每天早上，你家都會上演一場大人 VS. 小孩的大戰。家有精力過盛兒童的父母，大概都能體會這種心累——光是順利的讓孩子吞下早餐、刷好牙齒、穿上衣服鞋子，最後還要滑壘成功準時抵達幼兒園或學校——從起床到出門，簡直像跑完一場馬拉松般累人，等到你終於可以開始工作，大概已經有氣無力了！接下來，還有晚上呢！回到家，孩子哭哭鬧鬧，明明只是去洗澡卻打起水戰，要好好吃飯卻演變為打架的晚餐……這些早上才出現過的「趕小孩馬拉松大賽」，這時再度上演了，最後，你費盡九牛二虎之力，總算在九點鐘讓小寶貝躺平睡覺——哇！這一切真是夠了。改變的時刻到了，用對方法，讓你和孩子同時找回生活的節奏吧！

例行公事萬歲！

在一天之中，什麼時間要做什麼事（尤其是早晚），自己可以掌握並有規律的重複進行，比方說，晚餐時間一到就坐在餐桌前準備吃飯，固定幾點鐘要刷完牙齒、洗好澡等等，這些天天都會重覆進行的事，我們稱之為「每日例行公事」。對小朋友來說也是一樣，你必須明確訂定，在幾點鐘要完成哪些事情，列出清單，同時也引導孩子學會重視這些「每天一定要做的事」，讓他一天又一天持續穩定的完成，久而久之，自然能內化為孩子的固定習慣。這有多重要呢？來看看下面列出的優點。

建立「例行公事」的三大好處

1. 讓孩子更安心、更有安全感：每日例行公事的清單可以使孩子確知自己的時間安排，包括現在要做什麼、等一下需要做什麼，讓他有心理準備，使他更從容自在，像是「我知道接下來我要自己刷牙，媽媽會講一個故事給我聽，爸爸會為我唱一首歌，然後就要關燈上床睡覺囉」。

加油站

千萬別太快放棄唷！想幫孩子訂一條新的「例行公事」，要幫孩子養成新習慣，通常不會太快見效，一般需要三到六週（有時更久），這些常規才會慢慢內化成孩子可以自發完成的必做事項。大人自己要堅持到底，反覆叮嚀孩子、耐心鼓勵他，一定能看得到成果！

2. 能訓練孩子獨立自主：這些生活常規會一點一滴融入孩子的生活，變成固定的習慣，到時候孩子不需你特別協助，也不需你一直陪伴，就能 —— 做到。舉例來說，他學會一早起床就靠自己從頭到腳穿好衣服（別懷疑，真的會）；或是當他放學回家，你不必再三提醒，他一進門就會先去把手洗乾淨。當習慣養成了，孩子會自動自發完成工作，不僅培養出獨立自主的能力，更能從中獲得自信。

3. 減少親子衝突，你也能空出更多時間：「你馬上給我去洗澡！」、「快穿鞋子，要遲到了！」、「如果你再不過來，好好坐在餐桌旁吃午餐，就不要吃了，給我回房間！」這種罵小孩的話，相信所有人都大聲說過（或至少曾經

從親近的人口中聽到）。當生活中的各種小衝突一再累積，非但會造成關係緊張，也可能醞釀成爆炸性的大衝突，而爭執頻繁發生，將會導致雙方都筋疲力盡。

當我們訂立並執行家庭的例行公事清單，漸漸的，你會發現需要擺出父母架子的機會越來越少囉，與孩子的爭吵也改善了，至少不須為了同樣的事每天上演重複的爭執。此外，當大家都能優先完成「必做的例行公事」，自然就能空出更多時間讓你運用。

親子一起來！製作每日例行公事表

兩歲以上適用

和孩子討論並列出每天早晚都得做的事情，製成「每日例行公事表」，表格裡每一項「必須做的事」都附上照片，除了讓孩子更容易理解要做的事情，也讓他在白天上學前和晚上就寢前，都能——確認有沒有完成清單上面的事項。在孩子還沒學會自發性完成的時候，有這份表格，可以更快更有效的提醒他。

好用的表格：發揮巧思，附上照片

1. 你希望孩子在一天之中，一定要做到哪些事？幫他條列出來。

2. 拿起相機，當孩子在不同時間正在做那些事的時候，拍下當時的畫面，例如他自己刷牙、自己穿好衣服，或自己洗淨雙手等。

3. 印出小張照片。

4. 以 A3 尺寸的大型紙張製作成兩欄的表格。你希望孩子要完成的例行公事有多少項，表格就畫幾列。

5. 在表格的左邊欄位寫下例行公事的項目（如果有需要，最好連幾點鐘要做這些事也一併寫下來），右邊欄位則貼上孩子正在做那件事的照片。

這樣更棒！

一定要和孩子一起動手做這份每日例行公事表。
一來在這段親子時間裡，你能趁機教孩子如何善用這項工具；
二來製作表格時，可盡情挑戰你們的創意，可以著色、貼貼紙、畫畫，讓表格更有你們家的特色。
畢竟每個家庭都獨一無二，每份例行公事表都是舉世無雙的！

6. 掛例行公事表的地方必須顯眼，而且為了要讓孩子想看就能看到，懸掛的高度必須與孩子身高相同。

早上要做的例行公事

- **7:30am：**
  自己起床。

- 吃早餐。

- 我自己穿好衣服。

- 我自己刷完牙齒。

- 我自己穿好鞋子。

- **8:15am：**
  出門上學。

晚上要做的例行公事

- 回到家的時候，
  自己脫鞋並放好鞋子。

- 我自己去把手洗乾淨。

- 做一項比較安靜的活動。

- **6:00pm：**
  去洗澡。

- 我自己穿好睡衣睡褲。

- **7:30pm：**
  大家在餐桌坐好，
  和樂融融的享用晚餐。

- 我自己刷好牙齒。

- **8:00pm：**
  我去床上躺好，
  準備睡覺。

一天的開始：
終結火爆，開心出門

早晨的心情，常常決定了我們一整天的情緒好壞，而且不但對你造成影響，也連帶影響你們家的孩子們。大家都需要平順的開啟每一天。如果同一個屋簷下的家人，打從起床就吵鬧爭執，每個人的心情多少都會受到壓力波及，那也代表這一整天，全家人都不會太愉快。儘管不能期望每天早晨都可以悠閒的來煮杯咖啡，至少也要讓這段時光不那麼「刺激」吧，盡我們所能，在孩子的（也是你的）一日之始，還是溫柔以待，帶著陽光出門吧！

讓孩子一睡醒就覺得好幸福的五大祕訣

1. 要有餘裕：小寶貝拖到最後一刻才睜開眼睛，時間已經耽擱了，你必須在十分鐘內火速帶孩子衝出門，於是你將孩子一把從床上拉起，一邊大吼快一點！每件事都趕、趕、趕，偏偏，小孩子的時間觀念往往與大人差很大！要讓孩子心甘情願起床，而不是起床氣大爆發，就必須多多照顧他們的生活步調，而這也是尊重孩子的一種方式。解決起床問題的通關密語只有一個：「避免孩子鬧脾氣，從容準備出門，務必要預留更多時間！」雖然每個人都有自己的步調，不過，讓孩子在出門前四十五分鐘起床，是比較合理、也還能有點餘裕的，不妨盡量以此為標準。

2. 慢慢甦醒：當你不必再被時間追著跑，叫孩子時就可以不慌不忙，沒有壓力。打開孩子的房門，製造聲響以觸動孩子的聽覺（像是倒咖啡的聲音、爸比梳洗的聲音、哥哥吃早餐的聲音等等）。如果屋外已有陽光，就拉開窗簾，讓一點光線流洩進房裡。倘若孩子還是不為所動、繼續沉睡，則不妨輕撫他的小臉蛋，會有助於幫他自己醒來。

加油站

在全家人都清醒之前的二十分鐘，你自己要先起床。這段時間完全屬於你獨有，做個伸展練習、深呼吸，甚至來場冥想！簡單來說，務必讓自己先準備好，才能有餘裕有耐心的陪在孩子身邊。保持心情平和，接下來叫孩子起床的一連串動作，自然能看到正面效果。

3. 微笑＋撫摸＝早晨最棒的鼓勵：當孩子睜開雙眼，立馬給他一個微笑！微笑會帶來正面漣漪，小寶貝也會立刻給予回應。如果孩子願意，此時不妨花點時間，給他充滿愛的甜蜜擁抱或撫摸。對親子雙方來說，溫柔的輕撫最能刺激大量催產素（這種荷爾蒙讓人產生愛與幸福感）！

4. 像小貓那樣伸展四肢：在孩子下床之前，先教他像小貓那樣伸展四肢，先伸直一隻手臂，再伸直另外一隻，然後同時張開雙臂，接下來，雙腿也重複相同動作。

5. 全家一起吃早餐：此時不妨分享你們做了哪些夢，同時談談即將展開的這一天，像是「我今天要和一位同事吃飯，所以我很高興。至於你，又可以見到你最喜歡的女老師耶！」「你想和你的好朋友一起玩什麼遊戲呢？」

嚴格把關：早上不看電視，也不用 3C 產品！

順利支開小寶貝，讓他不吵不鬧，不會黏在身邊跑來跑去，你終於獲得寶貴的幾分鐘──的確，早上讓孩子看點卡通，似乎是「很好用」的一招，然而，我們會建議：「早上絕對不要讓孩子看電視，也避免使用 3C 產品！」3C 產品具有多重影音刺激，螢幕會吸走孩子全部的注意力，乍看靜下來了，但那些聲光效果卻會導致孩子過度亢奮。3C 產品在不知不覺間就誘人過度投入，不僅對專注力沒有幫助，反倒會消耗孩子的心神，造成專注力疲乏，而且負面影響之強甚至會持續一整天，像是讓人煩躁緊張、無法專心、過動等等。注意力無法集中，會拉低學習速度，對學業的影響更是明顯。要知道，不管是《粉紅豬小妹》、《小小救生隊》或《汪汪隊立大功》，這些可愛迷人的卡通人物們，可是巴不得整天吸住小孩的眼球呢！

遊戲時間：我的心情天氣，我來說！

三歲以上適用

協助孩子恰當的表達並接納自己的情緒很重要，他才能懂得去體察內在情緒，更瞭解何謂情緒。在早上和孩子一起玩「心情天氣」的遊戲，讓孩子藉此探索自己的心情，他就更容易接納不同的情緒變化。

玩這個遊戲的好時機，可以是剛起床，或是吃早餐的時候，重點是引導他為當時的情緒說出對應的天氣狀態。首先，讓他坐得舒舒服服，再閉上雙眼一小段時間，讓他「凝視自己的內心」。隨後，讓孩子用平時向你描述外面的天氣那樣，告訴你此刻心裡的天氣如何。同時，他也可以幫心裡面的天氣編個名字。剛開始，孩子會需要你的提示，你不妨這樣發問：「你覺得自己有什麼樣的感受？在你心裡，天氣很晴朗很炎熱，還是有點陰天，而且有很多雲呢？還是你發現了什麼？」

要孩子流暢的陳述自我感受是需要學習的，但只要練習一陣子，他就會主動說出口，不再需要你的提點。屆時，你不妨讓孩子自行觀察並表達情緒，不要刻意去扭轉他的心境，也毋需評論他的情感。另外，玩遊戲時，不妨提醒孩子，儘管他是根據當下的心境描述感受，然而，接下來一整天，天氣自然也會有變化！所以他現在表達的情緒都會 —— 消退，即使是最強烈、最不開心的情緒也一樣，這就是所謂的「**雨後天晴**」！

小訣竅

推薦你帶孩子一起玩「天氣紙牌」，讓孩子選出符合當下心情的卡片，這種小道具對年紀小、還不太能流暢說出感受的幼兒特別好用。方法如下：先剪出五張紙卡，尺寸大小隨你開心，用厚一點的紙卡更好。接下來，在每張卡片上畫出太陽、雲朵、雷雨等圖案。可以視孩子的年齡和他討論，看他有沒興趣幫圖案著色，或者卡片上的天氣圖案就乾脆由他自己來畫。當然，你也可以用貼照片或剪貼圖的方式製作。

盡量以簡單易懂的方式，來協助孩子學習體察各種心情的微小差異，以下舉例讓你參考：

- **太陽圖案：**
  幸福，或者快樂。

- **下雨圖案：**
  悲傷。

- **雷雨圖案：**
  生氣。

- **颶風圖案：**
  緊張，或者不安。

- **烏雲圖案：**
  擔心，或者焦慮。

學習打扮自己：
「穿衣服」是種好訓練

不能放任孩子像蟲蟲一樣光溜溜的去上學（如果發生過，你八成會絕望到不行！），可想而知，每天早上你都得面對重複的挑戰：幫一個跑來跑去玩不停、完全不合作的調皮蛋穿好衣服。

讓孩子練習自己穿衣服的五大技巧

1. 前一晚就準備好：要減少出門前的混亂、讓一切更快完成的訣竅，就是前一天提前準備。在吃晚餐前，或是在孩子睡前要聽故事之類的睡前儀式時，你要先幫他準備好隔天的衣物。如此一來，就能避免在出門前十萬火急、耐心都快用光了，還得忙著在麵包上抹果醬，喊孩子刷牙的空檔，和他七嘴八舌討論究竟要穿哪一件出門。

— 「我想穿我那件會飄來飄去的粉紅色裙子。」

— 「不行，不能穿那件，妳今天在學校有體操課。」

— 「這樣的話，我要穿我那件艾莎的公主裙。」

— 「搞什麼啊啊啊——！」

2. 挑衣服時，讓孩子參與：要穿紅色還是藍色的長褲，短襪要圓點還是條紋的，要灰毛衣還是黑背心……你必須讓孩子有選擇餘地。時間久了，再依孩子年齡與心智成熟程度，一點一點慢慢放手，讓孩子決定他要如何打扮自己，藉此也讓他學會獨立自主。當然囉，讓孩子自己穿衣打扮，並不代表要放任他奇裝異服、搞得像大寒冬穿泳裝出門般怪異（這是常有的事！），分寸之間要如何拿捏，你還是得保持注意。

3. 在固定的地方穿衣服：每次要幫小孩穿襪子或套上毛衣時，都要演出追趕跑跳碰，真的很傷腦筋！要改善這個問題，就得事先告訴他，應該在哪一個地方穿衣服。你要找一個孩子一定會注意到的固定位子放衣物，隔天要穿的，前一晚就擺在那裡，而且要告訴他：「衣服放在這裡喔！」

4. 盡量挑孩子容易穿脫的衣服：那種有整排小扣子的長袖襯衫、背後要拉拉鏈的連身裙、貼身的牛仔褲，都不可能是小小孩有辦法自行快速搞定的，如果你買很多這類衣服，就表示要有一個大人隨伺在旁負責幫孩子穿衣。不妨多挑 T 恤類、有鬆緊帶褲頭的褲子、魔鬼氈鞋，或領圍較寬鬆的毛衣，保證能讓生活簡單化。

5. 對話要直接易懂，口氣要和善：你催得愈兇，孩子愈容易卡關！由於人在六歲之前，對於時間觀念的掌握都還不明確，狂催孩子，只會使他腦袋打結，造成更大的壓力。與孩子溝通時，對話寧可簡短、清晰明確。基本上，只要對他說衣物名稱就好，例如「短襪、褲襪、T 恤、三角褲、長褲、裙子……」

畫重點

「自己穿好衣服」這件事，不像表面上那麼容易。如果孩子從一歲起，就能參與穿衣服的過程，學習分擔部分責任，那麼等他到了五六歲左右，就可以成熟到靠自己穿好衣服。

「穿衣服」其實牽涉到許多能力，包括他要能辨識出身體的不同部位，會區分衣物的正反面與前後位置，而且穿衣服的動作必須要能協調配合，還得會扣上鈕扣、綁好鞋帶等等。

- 一～二歲：孩子脫長褲時，可以伸出他的手臂或腿，讓你更好穿上。
- 二～三歲：孩子應該能解開外套或大衣的鈕扣，也會脫下鞋子。此時他能自己穿上鬆緊帶長褲和外套之類的衣物。
- 三～四歲：除非是太緊太難脫的衣服，孩子應該已能自行脫掉身上的所有衣物，且不需要他人協助，就知道怎麼自行穿上衣服，同時會拉開外套的拉鏈。
- 四～五歲：孩子應該已經能辨識出自己衣服的正面與背面，而且應該能自己拉上外套拉鏈，還有扣上衣服正面的鈕扣。

另外，要用正面語氣提到孩子「已經做好的事」，而不是碎念他「還沒做好哪些事」，用鼓勵取代斥責，像是「你已經穿好褲子和襪子了，好棒唷！」

遊戲時間：穿衣服的計時賽

適合兩歲以上

要將煩人的費力工作轉變為令人開心的好玩活動，玩遊戲是最有效的方法！早晨為孩子穿衣服時，穿插遊戲，孩子會更樂意配合，而且對於「自己要穿上衣服」這件事會更加興奮。

計時開始

拿出計時器或手機，提議：我們來訂時間，挑戰在兩分鐘內自己穿好衣服！接下來，孩子就會使盡全力秀出最佳表現（倘若孩子還小，就出手幫幫他，不要想太多）。同時，這兩分鐘其實也是為你自己爭取到寶貴時間！

比賽誰快

要是你家有好幾個孩子，就讓他們一起舉行比賽，看看誰最快，能先從頭到腳穿好衣服，他就贏了。現在，各就各位，預備——起！

這樣更棒！

孩子吃過早餐，也穿好衣服、梳好頭髮，而且臉也洗乾淨了。換言之，已經準備妥當可以出門了。把上學途中當成是屬於你與他的兩人小時光吧，說個短短的故事，或者和他玩猜謎小遊戲。在孩子踏進校門前，陪他小玩個五分鐘有很多好處，能幫他打打氣、提升挫折容忍力，也能讓他元氣滿滿的迎接這一天。

超級英雄穿外套

很多幼兒園或學校會用這個小技巧訓練孩子自己穿上外套（而他們也會覺得很好玩）：首先，要孩子先將外套的內裡朝外，放在面前的桌面或地板上，外套的衣領必須靠近他自己這一側，下擺朝外。接下來，讓他將雙臂套進外套的袖子裡，等你數一、二、三，孩子就把外套迅速翻過自己頭頂，宛如披上超級英雄的披風一樣。如此一來，外套就穩穩的穿在孩子身上了！

> **這樣更棒！**
>
> 三不五時就讓孩子玩扮裝遊戲，
> 像是穿上公主裝、海盜裝，
> 或者是戴小丑帽……
> 你完全不需要解說
> 遊戲該怎麼玩，
> 他自然就會樂在其中，
> 包括挑選造型、
> 怎麼靠自己穿上那些衣服、
> 要怎麼好好打扮自己，
> 讓孩子自行摸索。

一天的結尾：
溫馨平和，不急不躁

分開一整天後，你匆匆趕往幼兒園或學校，只想盡快接到人，只是親子重逢的場面未必都很美好──孩子可能不想理人，或開始撒野、大吼大叫、蹦蹦跳跳，當然也可能放聲大哭……這些可是會引發情緒風暴啊！其實孩子有這些反應很正常，畢竟一整天的團體生活非常累人，他已盡最大的努力，克制自己好好聽老師的話、遵守學校的規矩。對於活力正充沛的小寶貝而言，這些並不容易。放學時你出現了，孩子會覺得終於能徹底放鬆、盡情放縱了！所以**此刻會需要一點調適的時間讓他回神，紓解一整天下來的緊繃壓力**。那麼，在這段時間你要怎麼處理、陪伴，直到他冷靜呢？

想悠閒回家，請記住三項原則

1. 給孩子一點時間：從回到家到睡前的這段晚間時光，顯然很難好好休息。一踏進家門，你得先協助孩子做功課、為孩子洗澡、滿頭大汗煮晚餐，甚至，你要準備隔天上班開會的資料。可想而知，你一接到孩子，八成只想趕緊回到家，不過，晚間時光應該是無壓力的，因此放學時給孩子一點時間（當然也是給自己）先調整心情。如果一看到人就不斷催促他快一點，只會讓情況變糟。迎接孩子走出校門的時候，記得要溫柔親切，可別碎念個不停，並請先靜下心把其他瑣事放一邊吧！要讓孩子釋放累積了一整天的情緒，不妨引導他做點可

舒壓的事情。例如先去跑個步，或在公園散步繞一小圈，又或者騎腳踏車在附近逛逛等等。

2. 讓孩子恣意玩耍，釋放壓力：雖然一回到家，你就不斷看時鐘，況且吃飯、休息、看個電視或玩一下，少說都得耗掉大半小時，不過，只要是小孩，就需要玩，「玩」對於他們的幸福感和成長發育，絕對是不可或缺的！

3. 避免一大堆問題，讓孩子喘不過氣：「寶貝，你一整天過得好嗎？午餐吃了什麼？今天有什麼新鮮事嗎？」很多爸爸媽媽一看到人，就對孩子一整天的活

動問個不停，讓孩子覺得老爸老媽太愛問，管太多，他很可能選擇不回答，或者只願意簡單回你三個字：「忘記了」──這可是非常常見的回應！不妨由你先開頭，敘述你自己一整天做了哪些事。慢慢的，孩子就會學你，日後不必等你詢問，他就會以自己的步調（即使有時顯得慢吞吞或缺乏條理）主動分享一整天發生的事。

爸媽大挑戰：陪孩子做功課！

好動的孩子在做功課時，很愛在椅子上扭來扭去，甚至不斷離開位子，一下說要上廁所，一下說找不到筆、找不到尺。要陪伴這種靜不下來的小孩做功課，耐心往往快速被榨乾！

陪孩子做功課固然是累人的挑戰，可是，這段時間對孩子來說何嘗不是一大考驗？尤其是個性原本就活潑好動的孩子，會格外難熬。為了幫忙孩子順利完成任務，你必須設定一些規則。

● **別忘了重要的「每日例行公事」**：為了把「規規矩矩開始寫作業」變成比較容易，首先，你要想辦法讓孩子每天都能在固定的時間、固定的地方做功課，這是每日非做不可的家庭規矩，讓孩子時間一到，就知道必須在同樣的位置寫作業。而且要選孩子通常會比較安靜，你也比較有空的時段。

● **安靜的地方有利專心**：要幫助小寶貝專心做功課，請務必要留意他做功課的環境，氣氛一定要安安靜靜。會使孩子分心的娛樂消遣，都要嚴格管制，3C產品和收音機都要關上。此外，他的周圍絕對不能出現玩具。

● **重質不重量**：孩子的專心時間有限；倘若他累了，你就別奢望會看到什麼成果。因此，我們必須將孩子的作業分為幾個部分，讓孩子在一天之中（或週末）的不同時段，分批完成。而且做到一個段落，就讓他休息一下，吃個小點心，或與你簡單交流這一天發生的事（不過，避免使孩子太過興奮的活動）。建議你多多運用計時器，設定帶狀時間，跟孩子約定，「你花十分鐘寫這項作業，然後我們就停一下」。有了計時器，可讓所謂的「十分鐘」更具體，孩子會更有感，很推薦善用這種小工具。

● **別讓孩子有壓力**：切記，爸爸媽媽**不必幫孩子做功課**（就算你看他寫作業的方式實在很不順眼），你必須尊重他的方式，畢竟你是父母而不是他的老師。父母要做的是溫和、耐心的引導，而不是把你的焦慮變成他的壓力。陪伴孩子做功課，如果你需要來個深呼吸，馬上做一些放鬆練習吧！

遊戲時間：跳蚤跳跳停！

十八個月以上適用

1. 孩子回到家，如果看起來很嗨或是很緊張，我們可以這樣做：跟他說，假裝自己是一隻很會跳的跳蚤，只要看到爸爸媽媽拍一下手，就開始盡全力蹦蹦跳跳，彷彿是一隻在彈跳床上的小跳蚤，盡量跳、大力跳，好好發洩一下。過一會兒（大約是一分鐘到一分三十秒左右），爸媽再拍一下手，對孩子喊指令：「停！」

2. 一聽到「停」，孩子就得一秒變雕像，不能再動。此時，不妨誘導孩子，要他閉上雙眼，傾聽與觀察他的身體狀況。「你的呼吸是快還是慢？現在有什麼感覺？你的心臟跳得超級快，還是慢慢跳呢？」在孩子做得到的範圍內，盡可能拉長他停頓不跳的時間。然後，你再拍一下手，讓這隻小跳蚤重新開始跳來跳去。接下來就以同樣的跳－停－跳－停方式，繼續這項遊戲。

這項小遊戲既能讓孩子紓解他的煩躁不安，也能讓他去感受身體平靜下來是什麼感覺。

> **這樣更棒！**
>
> 每天在孩子放學回到家後，你都要留十到十五分鐘，作為「專屬於你和孩子的時間」。這段時間你必須放下一切，不分心、一直陪在孩子身邊。你不能進廚房煮飯，也不可以偷瞄電視、偷滑手機。唯一能做的事，就是全心全意與孩子在一起。你可以讓小寶貝選一項遊戲來玩，或挑一項他想做的活動，像是畫畫、玩桌遊、閱讀、做瑜伽、玩黏土、按摩、踢一局足球……重點是這段親子時間不能是曇花一現，要持續做到，把它變成慣例，有助於讓孩子安心安定。

好好吃飯：用餐時間很重要！

天哪！胡蘿蔔泥抹得滿桌都是、豌豆滿天飛，草莓優格都變水彩了……這麼恐怖的場景在你家出現過嗎？全家人每天圍坐一起用餐，是無可替代的重要時光，然而，當孩子坐不住或是毫無胃口，還硬要他一起吃完一頓飯，有時並不容易。全家人在家一起吃頓飯，是珍貴的相聚時光，也是彼此交流分享、培養感情的好時機。此外，這也有益家人的健康，許多研究都顯示，和父母同桌吃相同食物的孩子，他們會吃到更多的蔬菜水果，比較不會吃下太多的糖分與油炸物，自然能攝取到更全面、更均衡的營養。

和孩子一起愉快用餐的五大訣竅

1. 準備餐點時，讓孩子參與：讓孩子當個「小廚師」與你一起做菜，他對於食物和先前沒嚐過的味道，接受度會更高。你不妨請孩子幫忙清洗水果蔬菜、把蔬菜弄乾，或者是要他攪拌食材、把蛋打進容器裡等等。

2. 不要硬逼他吃他碗裡的食物，也別強迫他全部吃完：如果孩子不喜歡某道菜，就不要逼他吃光，只要分一口的分量給他，意思到了、有吃一點就好。當然，也不必為了遷就他就另外做一道菜。如果孩子吃了還想再吃，你再慢慢加給他一些即可。

3. 不必刻意稱讚孩子：當孩子好不容易吃掉他不愛的菜，你也不應該給他獎勵。畢竟吃東西是為了攝取營養，不是為了要取悅媽咪或爸比。

畫重點

過動兒會更需要均衡與健康的食物。根據一些研究顯示，飲食與 ADHD 可能有正相關。父母對於食品添加劑（包括防腐劑、穩定劑、色素、甜味劑等等），以及較易引起過敏的乳製品、糖分、麩質，和大豆類的食物，都建議限制食用量。

4. 別忘了，孩子會模仿大人：要讓孩子發掘他原本不熟悉的食物，在家用餐是好時機。看到大人吃下一些新奇的食物，孩子往往會想要模仿你。此時不妨告訴孩子，那種食物吃起來是什麼味道、什麼感覺，例如「這哈密瓜很新鮮，而且很甜，我超愛！」或者是「這吃起來像咬得碎碎的黃瓜」。

5. 一定要限制用餐時間：晚餐吃太久，災難跟著來！和活力旺盛、坐不住的孩子一起時，愈是簡便單純的料理，愈是最佳選擇。

活 動 ## 聊天時間：你的一天和我的一天

三歲以上適用

全家人輕鬆的圍坐在餐桌旁，一起吃晚餐，鼓勵每位成員分別**描述「自己的一天」，碰到誰、做了什麼、覺得如何等**。盡量由孩子先說、你先傾聽，如果家裡有好幾個小孩，就得注意孩子輪流發言的順序，每天晚上都要改變。當孩子說話時，要正面引導他，讓他敘述這一天有哪些時刻特別愉快，以及自己感受到的小小樂趣。又或者，孩子這一天也可能碰到某些棘手的難題，你也得鼓勵他大方的說出來。總之，這段全家人共享的時光，對於孩子的口語表達和溝通能力都有助益。況且，輪到孩子傾聽其他人說話，也能給他機會教育，教他學習專心聆聽、對他人說的話給予正面回應。

大家在描述自己的一天時，務必謹守原則：不要評論別人，也不要打斷人家說話，而且聽別人說話時，要尊重對方。

這樣更棒！

一邊吃飯，一邊看電視或聽廣播，會妨礙家人之間的交流，所以用餐時一定要避免打開電視或收音機。不管是誰正在說話，如果所有人的雙眼都緊盯著螢幕不放，溝通也就不復存在。在電視機前吃飯也對孩子不利，因為孩子會像機器一樣，盲目的將食物從碗裡塞進嘴裡，根本沒有留意自己吃了什麼。如此一來，孩子無法察覺飽足，以致他不是吃得太多，就是沒有吃夠！

打造美好睡眠：建立睡前儀式

已經晚上八點三十分了。孩子依舊電力十足的跑來跑去、嬉鬧玩樂、爬高鑽低，嘴裡還說個不停，然而，你知道他此刻已筋疲力竭，需要休息了。你只想要把他快快趕上床睡覺！而你自己是否能安穩一覺到天亮都還是未知數呢！過動兒與其他孩子相比，他們更容易出現各種睡眠障礙：難以入睡、睡眠容易斷斷續續、早晨醒得太早、夜驚，甚至有夢遊症狀……對於無法克制自己，忍不住就會動來動去的小孩而言，休息等於是要他靜下來，動都不能動。

幫助孩子安穩入睡的五大守則

1. 房間的布置，要令人安心：孩子需要安靜，才會想要休息。布置一個讓孩子安心的房間，不會有任何外在刺激。房裡的聲音、光線，都必須有所限制，也沒有電視、平板電腦、電動玩具，甚至是收音機，畢竟房間裡放了床鋪，就是用來睡覺的！此外，每天都要讓空氣流通，室內溫度不要太高。還有，鮮豔的色彩會使人過於興奮，牆壁最好採用柔和的淺色系。

2. 從傍晚開始準備好睡眠：在傍晚五點過後，不要讓孩子吃到任何會導致亢奮的刺激性食物，像巧克力、碳酸飲料等。褪黑激素這種荷爾蒙可以幫助睡眠，而藍光（LED）卻會改變它的分泌，使人夜不成眠，所以從傍晚六點開始，你就得限制孩子使用 3C 產品的時間。至於太過油膩、不好消化的餐點，像重乳酪蛋糕、烤肉都要避免。睡前一小時，就要先調暗燈光，同時建議小寶貝做些安靜輕鬆的活動，例如閱讀、聽柔和的音樂，或者是著色等。

3. 在固定的時間躺下睡覺：如果孩子每天都能按時睡覺、定時起床，保持作息規律，就能讓睡眠更穩定。父母愈重視這項例行公事（包括週末也不打亂作息），孩子長期的睡眠品質就愈好。只要一發現他有看似疲憊的跡象，就算微乎其微（例如打個呵欠、揉眼睛、身體因疲憊而顫抖），也要馬上讓孩子上床去，萬一瞌睡蟲跑了，你就只能等下一班「愛睏火車」到站，又得再費一番工夫才能讓孩子乖乖去睡覺。

4. 建立儀式，讓他能安心睡覺：度過了活動滿滿的一整天，孩子需要找回屬於自己的節奏。建立睡前儀式，既能讓孩子感到安心，也能讓孩子感受睡意來襲。必須注意的是，每晚的睡前儀式都得照著步驟進行：先讓孩子自己刷好牙齒、洗淨雙手，接著讓他自己在床上躺好，然後為他朗誦一則故事，再唱一首搖籃曲，最後，和他親親抱抱後，就讓他乖乖睡覺。請務必堅守溫柔卻堅定的態度，否則你很有可能已經為他讀了十二次的故事書，接著又幫他倒了杯水，然後陪他去尿尿，等重新躺平後，卻還要再為他朗讀第十三次……

5. 剛開始要耐心陪伴孩子：自己孤伶伶的躺在床上等著入睡，常常令很多孩子感到怕怕。他需要安心感，也需要有人陪伴，如果他會怕，請不要吝於表現出你的愛、耐心與溫柔。花點時間給孩子多親幾下、多抱幾下，和父母身體的接觸能緩和恐懼，讓他更放鬆。況且你與孩子的親親抱抱，永遠不嫌多！

聊天時間：幸福小事回想法

三歲以上適用

- 每天晚上，離開孩子的房間之前，不妨再問問他今天遇到了哪些「幸福的小事」。問問題的方式要一致，「這一整天，你覺得自己最開心的時候有哪些呢？」如果他一開始想不出來，不妨具體提示他：「你喜歡今天早上和爸比一起玩搔癢癢遊戲嗎？還是比較喜歡你放學後，我們在公園裡騎腳踏車呢？」

- 接下來，孩子就會一點一滴、慢慢知道如何去發掘生活中的各種美好小時光。常常這樣練習，他的幸福小清單會愈來愈多，搞不好會拉長到沒完沒了呢！

畫重點

回想起一個又一個開心的美好時光，可以提升幸福感，這是來自「正向心理學」的思考練習，簡單又有效。這項練習會改變一個人看待事物的眼光，也能幫助我們放下自己承受的緊張壓力。一般來說，易躁動的孩子往往也容易對自己有負面看法，這種回想練習帶有正面能量，可以讓孩子藉由「回憶好的經歷」，提高自我評價。它也能鼓勵我們去欣賞生活周遭的大小事。當孩子在腦海中一一細數幸福小事，就能帶著好心情入睡，他也會因此更有安全感。

填一填，你的美好時光清單

― 吃奶奶準備的巧克力蛋糕。

― 放學後和媽咪打一場籃球。

― 里奧扮鬼臉時，和他一起瘋狂大笑。

― ....

― ....

― ....

― ....

- 這時候，你可以告訴他，要是作了惡夢，或是夜裡突然醒來有點怕怕，就可以喚醒這些美好的回憶。同時，你也要大方和孩子分享你這一天有哪些惬意的美好時光。和精力旺盛的孩子每天長時間相處，往往要繃緊神經，對大人而言並不輕鬆，所以不管是對孩子或是對你來說，日常生活中能有這種強大而正面的能量支撐，更是彌足珍貴！

照顧好動孩子的
十大居家法則

1. 環境要令人安心

家，必須讓孩子徹底感到安心。年紀較小的過動兒，比其他孩子更容易發生危險。在每天生活的家裡面，大人當然有義務要打造更安全更安心的環境，只要做一些簡單的防護措施，就能避免百分之八十的居家意外。

- **銳利又危險的東西，都必須收好、放在高處**（如剪刀、刀具、剃刀等等）。
- 單柄鍋正在瓦斯爐上使用的時候，**不要讓鍋子的把手超出爐子範圍。**
- 把家裡的**清潔劑和藥物**，全都放在高處，否則就必須放在裝上安全鎖的壁櫥裡。
- 為了避免孩子跌落窗外，**窗戶一定要裝上安全鎖。**
- 桌子必須裝上塑膠或泡棉製的防撞護角，減輕撞擊。
- 大型家具務必要以螺絲靠牆固定。
- 要使用**電源插座安全防護蓋。**
- **千萬不要讓硬幣、彈珠，和其他小東西四處散落**，還有糖果也是。

2. 家裡的東西必須分類，各就各位

為了讓孩子學會區分輕重緩急，練習規劃生活、理出頭緒，他會需要一些生活指標來引導。生活愈有條理，孩子的安全感就愈高。例如家中物品擺放的位置永遠固定，孩子就比較不會到處亂放東西，也比較不會忘記東西放在哪裡。

- **孩子用的每項物品應該放在哪裡，你要向他說清楚。**位置要適當，讓他很輕鬆就能放回原處。
- **運用視覺指標**，像是用顏色區分、貼標籤、畫圖示等，讓孩子一看

就能**明確認出物品的擺放位置**。例如玩具汽車要放在藍色箱子，樂高必須放在橘色箱子，方塊積木則要放在綠色箱子。

- 孩子每從玩具箱取出一種新玩具之前，**一定要鼓勵他**，讓他知道玩完以後都要**物歸原處**。
- 孩子不需要的東西，或者是**可能造成危險的物品**，例如小型擺飾、文件、藥物等，**都必須放在孩子拿不到的地方**。

3. 生活規範要清晰明確

好動的孩子更需要了解在家必須遵守的生活規範，讓他們有所依循。

- **列出家裡的生活常規清單**，像是說話要輕聲細語、用過的東西要妥善放好、吃飯時要準時到餐桌旁坐好一起吃等等。
- 平時**不僅要口頭教導孩子，也要寫下來或畫下來**，將這些規範貼在牆壁上。
- 當孩子違反家裡的生活規範，你務必要提醒他；如果孩子遵守規範，也要讚美他。

4. 控管 3C 產品的使用

電視、平板電腦、桌上型電腦、行動電話……3C 產品在家中永遠都在！如果老是黏在 3C 產品的螢幕前，對孩子的成長發育會有負面影響，尤其是傷害他們的專注力。因此，你必須引導孩子，讓他知道怎麼正確使用，每次用多久，也要管制。

- **未滿三歲的孩子，絕不要讓他使用 3C 產品**。有人用電腦、滑手機時，小朋友一定會想湊熱鬧，想嘗試去玩、去觸碰，但全都要避免。
- **規範孩子使用 3C 產品的時間**，例如三到六歲的孩子，規定他們每天最多只能使用 3C 產品三十分鐘。
- **小孩看電視時，你一定要陪著他**。如此才能適時適切的引導孩子了解節目的內容，要是上演的畫面令孩子不安，你必須即時說明，不要讓他在心上掛念糾結。
- **一定要規劃「完全沒有 3C 產品」的時間和地點**，像是晚餐時間、開車上學途中，或者是在臥室裡。

5. 務必減少刺激

孩子像成人一樣，自己會從周圍環境接收各種訊息，每一種訊息都會刺激他產生反應，我們要盡量幫孩子降低這些刺激。

- **盡量排除令孩子分心的刺激來源**：當然，電視是第一名，不過，收音機也包括在內。同時也要注意室內燈光不要過亮。
- 會引起孩子**亢奮的源頭，都必須限制**，例如喊叫聲、噪音都要避免（有時候連手機突然響起，也會造成影響），或者是音樂的音響效果太強，也會刺激孩子產生反應。

6. 慎選玩具，要適齡適性

玩具對於孩子的快樂與成長發展，都至關重要，所以給孩子的玩具，不僅要適合他的年齡，也必須合乎孩子的特有需求。

- **讓孩子能走動、發洩精力的玩具**，例如跳跳球、腳踏車、跳繩、跳跳床、滑板車等等。
- **能幫助孩子專心的玩具**，像是拼裝積木房子、角色模仿遊戲、桌遊、紙牌遊戲。
- 挑選品質好的玩具，比較不容易損壞。品質合格的玩具都有標章，可以優先挑符合歐盟產品認證標準（EC）、或有安全標章（ST）的玩具。*

7. 要定時出門放電

孩子需要消耗活力，也需要喘一口氣，把一個好動的孩子關在家裡三小時，就有如把獅子囚在籠子裡。因此，讓孩子每天都有機會可以出門，到戶外走走，沒有上學時也要去公園散個步、騎腳踏車。

---

* 編注 3：根據台灣經濟部標準檢驗局規定，不論是進口或是國內生產的玩具，都必須貼有「燕尾」檢驗標識才可以於市場銷售，或另有由台灣玩具研發中心核發的標章「ST 安全玩具」，屬於非強制性檢驗標章。

8. 布置孩子的祕密基地

在家裡布置一個小空間，特別保留給孩子專用，這個小天地要能幫助他放鬆，只要他想去，他就可以鑽進這個祕密基地裡獨處。例如直接在孩子的房間裡安排一個小小角落，放上靠墊和絨毛玩偶；或者在室內樓梯下的小空間，搭個小屋頂，放盞柔和燈光，讓孩子躲在那裡發呆玩耍；當然你也可以在院子裡簡單準備一間迷你小屋給他使用。當他緊張或生氣的時候，不妨勸他暫時獨自待在那裡，好讓自己平復心情。

9. 學才藝、課外活動，要安排有度

「儒勒週一晚上要打網球，週三下午有英文課，週四要上音樂課，還有週六早上去游泳！」這行程也塞太滿啦！孩子參加的活動過多，會無法喘息。儘管他需要運動，也需要一些才藝活動，但問題在於這些表定的活動會不會讓他負擔太重？一個筋疲力盡的孩子，會煩上加煩，暴躁不安。他需要休息，也一定要留點時間在家裡玩，同時，還必須有空檔可以完全放鬆。

- 一般幼兒園都會安排豐富的學習活動，所以如果孩子未滿六歲，讓他只參加一項課外活動就好。
- 六歲以上的孩子，要參加體育和才藝活動，數量以各一項為限。
- 要提醒的是，孩子不一定有必要去學才藝、報名課外活動：這些活動，要讓他自己有選擇權，只要他不想再參加某項活動了，就不要強迫他。

10. 優質睡眠是安定身心之本

睡眠會影響小寶貝的情緒和健康。疲倦的孩子會神經緊張，也會暴躁易怒。所以絕對有必要為孩子保留足夠的睡眠時間，並注重他的睡眠品質。

2

外出必勝祕笈：
輕鬆面對七種情境

每個爸媽多少都碰過這種丟臉時刻：小孩在超市抓狂搗蛋、在餐廳飆高音大吼，或是在火車上不顧你的制止奔跑追逐——這絕對是所有家長不願再想起的可怕陰影！帶一個連你都抓不住的好動兒童出門，實在很累人。萬一他情緒失控，你只得不停深呼吸提醒自己冷靜、理智，然後就只能在路人指指點點的眼光下假作鎮定——那種尷尬，說有多逼人就有多逼人……

本章將針對父母最常碰到的幾種情境提出建議，在出門前未雨綢繆、適度規劃，相信能有效降低孩子「出槌」的狀況。準備好，讓全家大小有一段心平氣和的外出時光！

出門前，約法三章之必要

公共場所帶給孩子的刺激實在太多，一旦他適應不了，不是行為失當就是反應過度，甚至在一瞬間就造成讓大人超窘的尷尬場面。因此，進入公共場所前（像是超級市場、醫院、公園、樂園），或者是帶他出席活動之前（例如家庭聚餐、宴會），你必須先向他說明，在這些場合中，什麼樣的行為才算合宜、他可以怎麼做，讓孩子做好心理準備。不過，給孩子的指令不要又臭又長，切勿超過三項，他才不會聽到頭昏，乾脆放空。

孩子出門在外應該注意哪些基本規矩？以下舉出五種常見的場景為參考，你必須依據每個孩子的特質和面對的情境，決定自家適用的規矩清單。

- 情況 1 逛街散步時：走路時不要製造太大的噪音，要遵守交通安全標示，對他人要友善。
- 情況 2 在圖書館裡：說話要輕聲細語，一次最多只能拿三本書，沒有打算要借的書必須放回恰當的位置。

這樣更棒！

帶大小孩出門：請提前和孩子商量外出的規矩，一定要寫在紙上，隨身攜帶。萬一孩子一出門就把規矩全拋到腦後，這時小筆記就可以拿出來做提醒。

帶小小孩出門：為了確保孩子都能聽懂你的指示，建議你出門前一邊講規矩，一邊畫圖輔助說明會更好。

- 情況 3 去看小兒科：在候診室玩耍必須安靜，醫師問問題的時候要回答，而且一定要遵守醫生的指示。
- 情況 4 去餐廳吃飯：要在自己的椅子上坐好，用餐時要規規矩矩，說話音量放輕，不要打擾別人。
- 情況 5 去遊樂園：要和其他孩子一起玩，務必待在大人交代的位子，不能亂跑，當爸爸媽媽說要離開的時候，不能耍賴拖延。

規劃帶小孩出門的活動時，請盡量安排孩子會感興趣、符合他的年齡，以及他有需要的，讓他更有動力參與，不至於覺得無聊。至於血拼購物的路線，能免就免。體能活動對於孩子身心的成長發展至關重要，研究顯示，先運動再開始工作，注意力反而會更集中。讓身體動一動，可以增加腦部的含氧量，同時會激發腦部認知功能。好動（或過動）的孩子跟其他孩子相比，更需要出門放風，他們必須大量消耗體力，也非常需要與其他孩子社交互動。大人規劃家庭作息和休閒活動的時候，務必要考量以上要素。

一～三歲

- 去公園：孩子在公園裡可以無拘無束的盡情放鬆，
  他們會觀察新鮮的人事物，他們可以玩耍、趴趴走，
  當然，也能消耗過剩的精力。去公園放電，請列入活動清單。
- 沙坑遊戲：玩沙可以刺激人的觸覺，訓練小肌肉做出精細動作，
  如果是嬰幼兒，更能激發身體的協調能力。
- 嬰兒游泳課：讓孩子體會玩水帶來的樂趣，
  而因為你的專心陪伴，在這段親子時間裡，
  他也能讓自己放鬆下來，讓情緒和緩。

三～六歲

- 騎腳踏車閒逛：有助於孩子發展正向的心理動機，
  也能讓孩子學習掌握身體的平衡能力和協調能力。
- 幼兒體能課：坊間的幼兒體能課程，上課時老師會引導幼兒玩耍、跳躍、攀爬、翻滾，讓孩子既能發洩體力也能學習控制身體，是很理想的活動。

年滿六歲以上

孩子比較大了，不妨介紹他去做一些可以充分釋放精力的運動，
諸如武術、網球、球類運動或跳跳床。
但要注意，如果運動的競爭性質太強就不適合，要先避免。

帶孩子外出購物

如果有選擇，你大概絕不願意帶著調皮鬼出門買東西吧！想想之前的狀況：小孩硬要買零食，在貨架間奔跑玩耍、也不管會不會撞到架上的商品，又或者乾脆就在收銀台前哭鬧……這些頭痛時刻都是超級考驗，讓你一想到就怕。來看看以下的好對策，讓你與孩子一起購物時，可以更優雅從容。

去超市和賣場之前的五個準備

1. 列出清楚的購物清單：寫下今天要買哪些東西，一進超市你就能有條不紊的挑選，購物更有效率。至少，你不會站在令人眼花撩亂的肉品櫃前面猶豫不決；在走向收銀台的時候，也不會對接下來一星期的預定菜單毫無頭緒。在店裡耗費的時間少一點，對你和孩子來說就更輕鬆，所以盤算購物時間時，盡量把從進去到出來的每一分鐘都算清楚。

2. 先餵飽孩子：肚子餓會使人心情變糟，況且孩子吃飽的話，一則會比較安靜，二則看到餅乾或甜食也比較不會嘴饞。但所有孩子都可能會突然喊餓，你的包包裡永遠要備有罐裝水果泥或一些果乾，可讓他墊一下胃。

3. 留意孩子的精神狀態和情緒。 別讓孩子覺得累，小人兒一疲倦，就會煩躁不安！

4. 提醒孩子遵守你們約定好的外出守則。 如果孩子還小，請他待在推車裡不要跑；如果大一點，就要求他在推車附近不能跑遠。此外，要堅持只能買清單上的東西，說話時也必須注意音量。

5. 要選擇合適的時段：等在收銀台前的長長人龍，對孩子（還有對你）來說，將會是耐心大考驗，請盡量避免在人多的時間（例如週六下午）去購物。

買東西，不只是大人的事！

帶著孩子去購物，當然也要讓他負責一部分的採買工作。

孩子的參與感愈強，就愈不容易分心，也不至於太快失去耐心，所以你不妨試著交付孩子一項（或幾項）任務。孩子會為此感到自豪，自然會更有責任感、積極的完成小幫手任務。你可以根據孩子的年紀來分配工作：

• 一～五歲：讓孩子當「推車大總管」，讓他負責整理放到籃子裡的東西。如果年紀稍微大些，還可以請他協助分門別類，例如生鮮食品、蔬菜、水果、根莖類等等——當然囉，與孩子一起採買的這天，你得要「故意忘記」買蛋！

• 六～八歲：任命孩子擔任「清單股長」，讓他協助清點，負責為你們陸續找到的商品在清單上打勾勾。此外，還缺哪些物品沒找到，他也必須負責提醒並提出來。

• 八～十二歲：拜託孩子當「會計師」，讓他帶著迷你型計算機，負責幫忙加總商品的總金額。

• 十歲以上：指派孩子擔任「救援小隊」，讓他得設法在貨架間，找到清單

上尚未找到的物品。但請務必注意，要確定孩子可以很快就走回你的身邊，例如跟他約定好找的碰面地點：「寶貝，我們在泡麵架那裡會合吧！」

買完了，別忘了用好心情收尾

• 如果孩子這次出門的表現超乎你的期待，一定要讚美他；要是他表現得差強人意，也還是要肯定他做得還不錯的部分，同時向他保證，他下次一定會表現得更好。

• 就算是購物，也務必挑一件好玩又合適的活動，和孩子一起參與，像是在超市的快餐店裡稍微吃點東西、在購物中心裡頭繞繞，或回家時經過遊樂場停留一會兒。

> **這樣更棒！**
>
> 帶著孩子去購物，也是寓教於樂的大好時機，你們可以一起認識進口的水果品種、觀察蔬菜的不同顏色，以及介紹生鮮櫃裡的一大堆魚。同時，請讓孩子有一點決定權，讓他也能挑少許合適的商品，像是優格、糕點或水果，藉此獎勵他。

帶孩子上餐廳

打從孩子加入你的生活，你就培養出全新的能力：知道某一家餐廳附近有遊樂場，甚至你早就有一串口袋名單，知道哪些餐廳提供玩具等親子設施。換句話說，大部分的餐廳並不會有如此貼心的空間設置。那麼，當你哪天想帶頑皮小孩一起上餐廳吃飯，該注意什麼？接下來的建議，將有助於你掌握各種大小狀況。。

1. 避免尖峰時間前往餐廳：想在週六晚上八點去餐廳吃飯？勸你放棄吧！一間擠滿人的餐廳、姍姍來遲的餐點，和又餓又累的孩子，都將讓你開心出門、慘烈回家。建議你，盡可能挑選午餐時段，或者晚上七點鐘之前就去吃晚餐。

2. 挑選「親子友善餐廳」：規矩很多的高檔餐廳或浪漫的小餐館，基本上都不歡迎孩童，應該避免。比較適合帶孩子去的餐廳，不只是一家老小都能去，最好還有兒童椅或兒童餐。如果餐廳還有些室外空間就更理想了，當孩子坐不住時就能出去透透氣。

3. 尊重孩子的步調：如果想讓孩子準時在中午十二點三十分用餐，你就必須預訂中午十二點整的位子，否則你家小寶貝變成餓鬼、大鬧餐廳，會讓場面難收拾！此外，就座後，請立刻點個麵包之類的小點心讓他墊肚子，並盡快先點餐。

帶孩子外出用餐的必勝祕笈

1. 要有備用衣物：帶小孩出門吃飯，可能的慘劇包括：裝滿果汁的玻璃杯打翻，碗裡義大利麵的茄汁全沾到身上。況且，更糟糕的情況是，鄰桌可能有一位雍容華貴的貴婦，身穿全白套裝——這下真正糗大了……

2. 要攜帶溼紙巾：溼紙巾除了在用餐前可以擦淨雙手和小臉蛋，在用餐過程也都可以派上用場。發生意外狀況時（例如弄髒別人的衣物），溼紙巾還可以救你一命。

3. 要準備些小東西，讓孩子能耐心等待：色鉛筆、記事本、貼紙、遊戲書、神奇畫板、小型公仔、小汽車……都很適合，別帶那些會製造噪音、會唱歌說話的玩具。還有，進入餐廳的頭十五分鐘，切記不要輕易亮出王牌，必須給孩子驚喜感，而且要分開一次一次給，才能延長效果。

4. 控制用餐時間：孩子的耐心有限。用餐時間愈長，就愈有可能進入紅色警戒。包括「前菜－主菜－甜點」的套餐，最後你常常只能打包帶走，因此盡量不要點這類餐點。要是孩子坐不住，不妨在兩道菜之間的空檔，讓孩子到外面繞繞，暫時離開對他來說比較好（當然了，對你與餐廳裡的其他客人，也可以喘口氣）！

畫畫時間：：兒童版禪繞畫

四歲以上適用

兒童在餐廳裡最適合做什麼？著色顯然是首選！（也難怪有些連鎖餐廳，會幫家庭聚餐的小客人準備色筆。）

- 孩子坐好以後，就給他一張禪繞畫（又稱禪繞曼陀羅）讓他上色。曼陀羅在梵語中代表「朝向中心畫的圖」。這種流傳超過千年的活動，讓人在著色過程集中注意力、安穩情緒。在餐廳這種環境中，要讓孩子專心熱中於某件事情，畫張禪繞畫是個好選擇！

- 你可以自己設計圖案，右方的曼陀羅圖樣可以提供一點靈感，網路上也有許多免費樣本，可以挑選你喜歡、也適合孩子的，列印出來即可。

- 建議孩子先從最外圈開始塗色，然後再慢慢往中心著色。不過也請留意：讓孩子完整塗完一張圖，才能再畫下一張，這樣才有專心的效果。同時，不妨鼓勵孩子挑戰自己設計、繪製一個主題圖案，像是心形、星星、圓圈都可以，創造出屬於他自己的曼陀羅。

你可以在本書第八十頁，找到大型的曼陀羅圖樣。

帶孩子去看醫生

全世界的小孩都不喜歡等待，你家的孩子也不例外。然而，有時候你就是得帶著生病的孩子一起待在小兒科人滿為患的候診室裡，耐心等待叫號（這種場景，通常都出現在流行性傳染病的高峰期）。在此提供幾個策略，讓你與小寶貝去看病的時候不再那麼難受！

1. 轉移孩子的注意力：為了要盡量吸引孩子，特意讓他長時間都有事可做，像是故事書、彩色圓點標籤貼紙、小玩具等等，都可以先準備好。

2. 讓孩子吃點零食：只要一小瓶水果泥，或者是稍微硬一點（好讓他慢慢啃）的餅乾，你就能爭取到幾分鐘的平靜時間。

3. 多給孩子親親抱抱：親親、抱抱會讓孩子感覺好幸福，也能緩解壓力，這是已經證實的。所以候診時你要多給孩子親親抱抱，幫助他耐心等待，也讓他感覺平靜而滿足。

 ## 放鬆時間：簡單有效的親子按摩

新生兒以上皆適用

幫孩子按摩有很多好處，只是小小的動作，就可以轉移孩子的注意力，讓他能耐心等待，此外還能讓孩子把注意力放在身體，提高他面對壓力的能力，創造愉悅的幸福感，身心自然容易放鬆。

手部按摩

按摩前先問問孩子意願，他同意的話，你先將他的手放在自己手裡，翻轉手掌，改成輕輕握住孩子的手，藉此開始你們的身體接觸。

接下來，用你的食指在孩子掌心畫隻蝸牛，同時低聲為孩子唱首簡短兒歌：

「小小的蝸牛，背在背上的，
是他小屋，
只要一下雨，
他就很高興，
伸出頭來。」

之後再輕輕按摩孩子每隻手指，為他說這個故事：

「小跳蚤啟程旅行的時候，
食指會陪伴他，

中指會為他提手提箱，
無名指會為他撐傘，
而所有孩子，都會跑在小跳蚤後面。」

臉部按摩

再向孩子建議，要為他輕輕按摩臉部。
孩子同意後，你就把雙手放在孩子臉
上，同時為他描繪兒歌裡的場景：

說「*我繞家裡一圈*」時，
以你的手指在孩子臉上畫圈。
說「*我關上電燈*」時，
輕輕觸碰孩子雙眼眼皮。
說「*我關上百葉窗*」時，
輕輕按摩孩子耳垂。
說「*我走下樓梯*」時，
以一隻手指滑過孩子鼻梁。
說「*我關上家門*」時，
碰碰孩子的嘴。
說「*我弄出喀啦喀啦的聲音*」時，

輕輕扭一下孩子的鼻子。

來玩「做披薩」的按摩

將你的雙手放在孩子背上，然後告訴
他，接下來你要做出一個超酷的披薩！
先用你的手掌在孩子背上「做餅皮」，
稍微做些畫圓圈的動作；再來，你的手
變擀麵棍，先從上到下，再從左到右，
用均勻的力道開始「擀開麵團」。餅皮
做好了，就用你的指尖畫小圓圈，為披
薩「加番茄醬」。然後問問孩子，想要
加什麼料呢？火腿、番茄、乳酪還是橄
欖？此時，稍微用一點力氣在不同地方
輕輕按壓，——放上孩子喜歡的「食
材」，披薩就準備好囉！別忘了，還得
假裝火速將披薩塞進烤箱裡。哇，正在
烤的披薩好香呢，請帶著孩子一起安靜
呼吸，這麼一來，披薩快烤熟的香味，
你們才感受得到呀！

今晚去朋友家聚餐

有些聚會在邀請時，就會明確表示「孩子不宜參加」；但也有些聚會，是親切安排小孩與大人齊聚一堂，讓氣氛熱熱鬧鬧。話雖如此，一想到要去朋友家，「我家小孩到時會不會暴走啊？」常令你心虛又焦慮，結果變成心理壓力。總之，帶孩子去朋友家聚會，的確常會出現意外的「驚喜」──有些很好，有些卻令人直冒冷汗。

讓親子聚會更順利的三大原則

1. 出門前，讓孩子做好準備： 先跟孩子說明這次聚會的情況，讓孩子更安心、更有信心參加。包括到時候有哪些人會去、其他孩子是否出席，以及用餐形式（例如這次是戶外晚餐、主題Party，或者是露天烤肉等等）。同時，你也必須告訴孩子要遵守哪些指令，而且務必確認孩子都聽得懂，並牢記在心，例如他要安靜的和其他孩子一起玩、玩具要整理好、要坐在餐桌旁用餐不能離座亂跑等等。還有，確認小寶貝是在身心放鬆的情況下出門（具體方法請參考下文的【活動】小單元）。

2. 大人用餐前，讓孩子先開動： 「孩子與大人自在的坐在一起、歡樂祥和的用餐」，這種優雅場景有時只是大人的一廂情願。更實際的做法是，先為小孩準備一桌專屬餐點（他們會很高興），讓他們在大人還沒用餐前就可以先靜下來吃東西，之後大人們再坐定享用自己的餐點，這樣的安排會更輕鬆愉快。如此一來，你也能盡興跟朋友談天說地，不必擔心第十二次被孩子打斷。彼此不受干擾，大人小孩都開心。對了，別忘了提醒孩子還有餐後甜點呢，小孩們就算玩得再忘我，也會超級樂意跟爸爸媽媽共享冰淇淋或蛋糕！

3. 準備玩具＋漱洗用品： 挑一些孩子最喜歡的玩具帶出門（特別是如果其他孩子也會參加聚會，可以交換玩具一起玩，這也讓孩子學習分享）；或者像著色畫本、色鉛筆，甚至孩子的絨毛玩偶都可以帶著。倘若有可能過夜，記得幫他準備好睡衣褲、牙刷和奶瓶。或者你們不過夜但會玩得很晚，那麼不妨先讓孩子在友人家漱洗過或喝完奶，孩子在回程路上就能好好休息，一回到家，就能直接上床睡覺，你也不用傷腦筋還要叫一個超級睏的孩子去洗澡刷牙！

遊戲時間：在空氣瀑布裡沖沖澡

四歲以上適用

帶孩子參加聚會之前，帶著他玩「虛擬淋浴」的遊戲，有助於他放鬆身心。當然，你也可以一起玩，孩子自然會模仿你，親子一起玩更棒！

• 請你跟孩子說，想像在大白然裡有一道瀑布，又大又美。這道瀑布擁有非常神奇的力量，因為從瀑布流下的神奇之水，會清除你一整天的煩惱，像是吵架、壓力、緊張等等都會消失，它不但會清洗我們的外在，也會把我們的心裡洗乾淨。

> **畫重點**
>
> 學會這種自我按摩技巧，
> 孩子可以藉此釋放活力，
> 讓身體肌肉更放鬆，彷彿全身的
> 能量在體內循環得更順暢。
> 玩這項遊戲除了能讓孩子開心，
> 孩子的情緒也會因此緩和。

• 現在，就讓自己進到這道大瀑布裡吧！想像自己就在瀑布底下沖澡。先誘導孩子，要他用雙手手掌，有精神、好好的摩擦身體的每個部位。首先從頭部開始，接著是脖子、上半身、雙臂，和腹部，最後是雙腿和腳部。同時提醒孩子，只要是流過他身上的「水」，都會讓身體每個部位放鬆下來唷！之後，當孩子「淋浴完畢」，你得表示驚嘆：「哇──現在超棒的！我們裡裡外外都已經洗得乾乾淨淨！現在感覺好輕鬆，一切都 OK 了，可以好好度過這個美好的夜晚了耶！」

我家孩子暴走啦！

孩子抓狂了！他躺在地上打滾，哭叫扭動樣樣來，簡直像中邪……這一幕活生生出現在家族聚會的現場。所有人的目光都轉向你，你只想趕緊挖個洞鑽下去。其實，就算不是過動兒，普通小孩一定也有過變身噴火龍的時刻，但過動兒的情緒更多、更劇烈，他會更容易被點燃，導致大暴走。過動兒多半有「活在當下」的特質，當他的欲望或需求無法立即得到滿足，他很難靠自己處理內心的挫折感。過動兒並不是故意發飆，實在是因為管不了自己。儘管我們不可能完全避免孩子哭鬧，但還是能掌握一些處理的原則，盡力預防情況失控。

避免孩子失控，你要注意三件事

1. **讓孩子覺得受到重視**：孩子會生氣，有可能是因為他覺得沮喪，他承受的情緒或壓力已經滿溢到難以克制（例如人多的家族聚會），也可能是孩子迫切需要關注，否則就是疲倦、飢餓、缺乏運動等生理因素讓他理智斷線。他會覺得你偏心、不公平、不在乎他。因此你得留意，一定要回應孩子的需求，尤其是非日常活動的場合，因為有相對陌生的人、陌生的環境，就更要注意這一點。

2. **教孩子學習處理怒氣**：學習控制脾氣是很長時間的課題，並不是短期內可以看到成效的事，你得盡最大努力引導他。常跟孩子分享，當他感到洩氣，或是有事情造成他不開心的時候，第一時間怎麼反應會比較好。記得，開導孩子的時候，務必說得淺白易懂，而且要確定孩子真的有把你的話聽進去。

3. **在公共場所發飆的因應**：先將孩子帶離眾目睽睽的現場，改到有點距離、沒有旁人的地方。你自己得先保持冷靜，才開始和孩子溝通。如果可能，不妨將孩子抱在懷裡，慢慢安撫他，協助孩子自己平靜下來。要以輕鬆寬容的姿態，和孩子一起談談心，同時專心聽他說。孩子對你說的話，你只先直接複述一次但不做評論，這樣可以讓孩子感覺「你懂我的處境」，並可以幫忙他釐清思緒。必須給孩子一定的時間，他才能沉澱下來、緩和自己的憤怒。

練習時間：隱形吸管吹吹氣

三歲以上適用

• 「吸管運動」是幫助孩子調整情緒的呼吸練習。先請他閉上雙眼，想像嘴巴裡有支隱形的吸管。接著請他吸一口氣，再**輕抿雙唇**，然後**假裝透過這支吸管緩緩的吹出一點點氣**。呼氣的時間必須盡量拉長一些，直到他呼出的這口氣全部吹完為止。同時，跟孩子說，「我們來想像那股火氣已經穿過吸管、通通飛走囉！」反覆練習好幾次，在他感覺心情平靜之前，都要重複這個「把生氣用吸管吹走」的動作。

• 當孩子越來越熟練，日後每當自己快抓狂的時候，「隱形吸管吹吹氣」就能派上用場。平常在家不妨讓孩子多做以下的練習：先把真正的吸管插入一杯水裡，請他盡量在水中吹出少量的氣泡，愈少愈好。慢慢的孩子就會找到竅門，知道該如何透過嘴巴呼出長長的氣。

畫重點

透過良好的呼吸，
可以提升腦部的含氧量，
也可以讓我們集中意識、
感知身體的狀況；
甚至於還能穩定心律，
對於調節神經系統、
降低緊張情緒都會有所助益。
「隱形吸管吹吹氣」好記又好學，
而且沒有任何時間地點的限制，
善用這種簡單的呼吸練習，
不僅能撫平人在發怒時
對生理所造成的種種負面影響，
也能讓孩子藉由專心呼吸
不至於一心鑽牛角尖、
氣個沒完。

小提醒

不妨隨身帶著吸管出門，
讓孩子想做練習
就能多多練習。

帶孩子去長途旅行

啊啊啊啊……放假了！每次一搭上火車，或開車前往度假地點時，「我們什麼時候會到？還要多久？到底到了沒啊？」這類問題，在旅途中保證會沒完沒了的跳針，然後孩子不耐煩、大人不耐煩，所有人的心情都被影響了！別讓快樂的旅行變成慘烈的考驗，要讓孩子舒適、大人愜意、其他同車旅客也不會一直給白眼，來看看有哪些重要原則要掌握！

讓孩子坐車不煩躁的六大絕招

1. 出發的時間要對：孩子睡得愈熟，你的旅程就愈平靜。所以你必須挑合適的出發時間，像是孩子開始午睡之前，或者如果你方便開夜車，也可以在用過晚餐之後啟程。

2. 要帶著玩具袋上路：一路上要想辦法讓小寶貝持續有事可忙。因此，務必要帶著孩子喜愛的玩具，像是絨毛玩偶、小汽車、小型公仔、玩具娃娃，或著色畫、麥克筆、貼紙，以及其他書籍。

3. 要有祕密武器：要轉移孩子的注意力，製造驚喜是最有效的！出發時，爸媽的包包裡要先偷偷放一些有新鮮感的祕密武器，像是孩子喜歡的卡通新推出的小型公仔，或者是他沒看過的兒童刊物。但請先把這些寶貝藏起來，等到孩子失去耐心，再分次秀出這些祕密武器，如此你至少又能賺到幾分鐘寶貴的休兵時刻！

4. 要帶著想像力出門：當你規劃帶孩子去長途旅行，要先想一想旅程中要怎麼度過每一分鐘。路途中，引導孩子發揮想像力，提議他做各種小活動來轉移注意力。例如，請他看看窗外，找出路上的「綠色汽車」；請他抬頭觀察天上的雲朵，想像它們最像哪幾種動物；也可以你先起個頭，跟孩子動動腦玩詞語接龍；又或者，請孩子細細觀察窗外景色，發掘路邊有什麼新鮮的事物……

這樣更棒！

如果打算開長途的車程，請務必增加休息時間。下車呼吸一大口新鮮空氣，不僅對孩子好，於駕駛更好！許多休息站都會提供遊憩空間讓小孩子活動玩耍。另外，別忘了在你的後車箱放些戶外玩具，像是球、跳繩、滑板車等等，好讓小寶貝在休息時能發洩一下。

5. 要餵飽孩子小小的胃：讓孩子吃東西，是讓他有事可忙的好方法。準備餐點的原則是讓孩子能有點新鮮感，例如不常出現在家裡餐桌的食物、類似野餐的餐點、聖女番茄、迷你三明治、水果、罐裝果泥、（不太甜的）蛋糕餅乾。如果行程真的很長，你也可以放寬標準，預備一點糖果，途中可以視情況拿出來「擋一擋」，孩子心情好自然就不會煩人。

6. 最後一招，拿出平板電腦吧：一般來說不特別鼓勵太小的孩子使用 3C 產品，但當你彈盡援絕，眼看目的地卻還在遙遠的彼方，此時不妨就讓小寶貝看部卡通或聽些兒歌吧！當然，你還有另一種選擇：有聲書。

活動　遊戲時間：神祕袋摸一摸

兩歲以上適用

- 出發前，你先偷偷準備一個袋子，裡頭裝點稀奇古怪的小玩意，像是骰子、湯匙、球、糖塊、鑰匙、曬衣夾……當然不能讓孩子看到內容物，盡量使這個袋子看起來莫測高深。

- 讓孩子在不能看到裡面的狀態下伸手摸一摸、把玩這些神祕物品，就像神祕箱的玩法，孩子必須一邊摸一邊猜自己摸到什麼。玩的時候，可以一樣一樣猜，當孩子全數猜完，這場遊戲才算結束。

- 這項小遊戲不僅可以讓小孩集中精神忙個好幾分鐘，他也能透過遊戲訓練自己的觸覺、專注能力，還能藉由觸摸想像，讓自己去思索東西的外形是什麼模樣。

> **小訣竅**
>
> 如果孩子年紀較小，
> 你可以換種玩法，
> 調整成「由大人指定物品，
> 請孩子摸出來」。
> 如此一來，孩子的任務就會改變，
> 他必須想辦法去摸索、
> 找出需要的物品。

我家孩子說自己好遜！

「我沒有要好的朋友，沒有人要跟我一起玩」、「湯姆過生日時邀請了班上所有男生，卻沒有邀請我。」孩子的社交生活，未必永遠都平靜無波、一帆風順……當幼小的心靈碰到令人痛苦的人際挫折，除了感覺被排擠、孤立，孩子的自信也會備受打擊。

當孩子的人際關係拉警報……

● 有技巧的與孩子聊聊：引導孩子說出他的感受，過程中要專心傾聽，不要以自己的觀點去詮釋，也不要代入自己的感覺；此外，絕對不能打斷孩子。

● 和老師約談：要是這種情形已反覆發生好幾次，為了確實了解孩子能否融入班上，你有必要找導師談談。不妨問問導師，孩子在班上有要好的朋友嗎？他會和其他孩子一起去操場玩嗎？

● 邀請同學來家裡玩：並不是只有過生日才能邀同學來玩，只要你們樂意，什麼時候都可以。可以請小朋友們來家裡吃個點心，或下午先到你家集合，再一起去游泳或運動。同學們接受邀請的機率多半會很高喔！

● 為孩子報名課外活動：為了拓展孩子的人際圈，多去認識原本不熟、不相識的新朋友，建議他選一項自己喜歡的課外活動。因為參加活動或社團，自然就能交到新朋友。

活動　練習時間：穴道巡邏敲一敲（情緒釋放技巧）

兩歲以上適用

● 首先，與孩子一起討論：「你覺得這件事嚴重嗎？人家沒有邀請你去，你的感覺如何？」孩子面對你的提問，可能只會簡單回答。你要給他一些小提示，像是將雙臂張得很開，就代表這個問題很大；或者要表達感受的時候，張開嘴巴讓你看看他的喉嚨，或者看看肚子。

● 等孩子吐完苦水，你要從他的陳述中，挑出一句**最正面的話**，引導他用這句話來談這件事。舉例來說，「就算人家的生日 party 沒有邀請我，我還是很喜歡自己，還是對自己有信心。」或者，「雖然我沒有好朋友，這點讓我很傷心、很生氣，可是我知道我自己還是很棒的男生（或女生）。」又例如，「瑪儂沒有邀請我參加她的慶生會，但我的爸比和媽咪還是非常愛我啊！」

● 這些穴位各敲過一輪後，**馬上和孩子聊聊感受如何**、有沒有效果。可以問孩子：「現在覺得呢？問題還有這麼嚴重嗎？」

只要孩子有需要，你可以**連續好幾次**幫他輕敲穴位，直到種種負面情緒退散。如過要更好玩，你在幫孩子敲擊時，孩子也可以模仿你，輕輕敲他的熊熊，或是他睡覺時最愛抱的玩偶。甚至在這個時候，孩子也可以同時為你「巡邏」你的穴道。

● **巡邏開始——輕敲穴位。**以食指和中指指尖，幫孩子輕輕敲擊下列的穴位（從右側或左側開始皆可，身體兩邊都敲到即可）。還記得嗎？剛剛你已經從孩子的敘述裡，幫他挑出一句正面的話語，當你在敲擊每一個穴位時，都要複述三次。

1. 頭頂。
2. 眉頭邊緣接近頂端的地方（接近臉部的中央線）。
3. 眼睛外側（位於太陽穴上方，接近眼角之處）。
4. 眼睛下面（在顴骨上方中央）。
5. 鼻子下方、人中凹陷之處。
6. 下巴中間。
7. 腋下。
8. 胸部下方。
9. 手掌外側（手刀部位）。

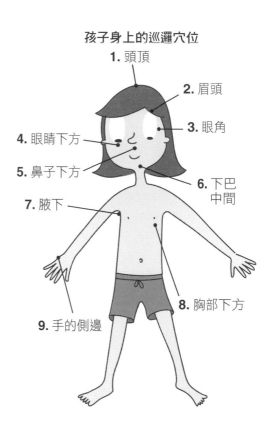

孩子身上的巡邏穴位

1. 頭頂
2. 眉頭
3. 眼角
4. 眼睛下方
5. 鼻子下方
6. 下巴中間
7. 腋下
8. 胸部下方
9. 手的側邊

與好動小孩好好溝通的
十個建議

1. 要有視線接觸，也要有身體接觸

你得蹲低一點，和孩子一樣高，以便更靠近他一點。你必須凝視孩子雙眼，要是可能的話，也要與孩子有肢體接觸，例如輕輕按住孩子肩膀，或者是握著他的手，好讓孩子感覺有人願意聽我說話。

2. 不要大聲怒罵孩子

當你大聲說話，會導致瞬間壓力像巨石一樣砸下來，孩子腦部一斷線就無法冷靜思考。與孩子說話時，溫和堅定的語氣，效果會比較好。

3. 多用肯定句取代否定語氣

跟孩子說話時，要多用肯定語句，讓孩子注意「我被肯定的事」，而不是「我不夠好」。負面的言語會令人感覺老是被挑剔、被指責，一直被罵的孩子會覺得自己好像走投無路了！更重要的是，年紀較小的孩子，腦部無法吸收否定用語，舉例來說，當你對孩子說「不要跑」，孩子會反向理解為要他「跑」。與其對孩子說「你不應該做什麼」，不如建議「你可以怎麼做」、「規矩是什麼」。例如對孩子說：「請把小手交給我，然後安安靜靜走路。」而不是說：「你不准跑來跑去，

也不能放開我的手。」或者用「你說話要輕聲細語喔！」取代「不可以大吼大叫啦！」

4. 在有限的範圍裡，讓孩子做選擇

多數時候，人人的強制規定是一回事，孩子能不能乖乖聽話是另一回事。和孩子溝通的方式，要優先採用「給孩子一個範圍，讓他有得選」，但當然也不能給他過多選項，導致他無所適從。如此一來，孩子感覺自己受到尊重，合作意願就會提高。例如你希望孩子吃蔬菜，可以跟他說：「你要吃焗烤櫛瓜？還是想喝蔬菜湯呢？」

5. 對孩子下指令，要好聽、好懂、好記

為了讓孩子記住你的要求，你所說的，一定要確定他都能聽得懂。請務必記得，對孩子下指令時，一次不要超過三項。然後，你說完後，換他好好複述每項指令。

6. 讓孩子知道，「這麼做會有什麼後果」

個性衝動的孩子，通常都是先做了再說，不會考慮太多。孩子需要你的協助，才能慢慢懂得他的所作所為，會導致接下來發生什麼事情。你要對他分析，某些行為舉止會釀成什麼結果，但敘述時不要威脅，也不要刻意恐嚇孩子，導致他太恐慌。例如要提醒孩子穿衣，可以這樣說：「外面超級冷的，出去玩不穿外套，你可能會凍到變冰塊唷！而且萬一生病了，就不能再跟好朋友一起玩了，還得吃藥。」

7. 玩吧玩吧，一定要讓孩子玩

當你要跟小寶貝溝通，好讓他不會再做出太誇張的行為，「幽默」與「遊戲」是最有效的兩種法寶。先玩一局搔癢遊戲，然後再玩模仿遊戲，接著訂個小規則比賽一局，事情就 OK 了！

8. 多用「提問」的方式引導對話

身為孩子的嚮導，當我們要引導孩子做決定，盡量用提問的方式和孩子對話，而不是直截了當用大人的角度給答案。例如你可以詢問孩子：「你心裡在想什麼呢？」或者：「在這種情況下，要解決這件事，你有什麼好提議？」或不妨問問孩子：「你認為這麼做公平嗎？」

9. 你所做的決定，要先告知孩子

要孩子中斷他正在做的事，或馬上接受現況改變，是需要學習的。舉例來說，當孩子和好朋友露意絲一起玩球玩得正投入，你卻突然喊「要回家了！」孩子會覺得錯愕、認為你這個決定「也太突然了」，多半會難以接受。如果你提早在五分鐘前就先預告「再五分鐘就要回家囉！」並跟他說下次還可以找朋友一起玩，他會比較容易接受。

10. 一定要微笑！

微笑效果大（就算是勉強自己面帶笑容也一樣），能緩解你和小寶貝的情緒壓力。帶著微笑，能讓親子溝通更有效更順暢。

這樣更棒！

世上沒有完美無瑕的人，也沒有永遠不會犯錯的父母。
為人父母絕對不是簡單的工作，你會累、會惱火，會沮喪，
偏偏在這個時候，家裡的小童卻還在橫衝直撞、
打翻他亂放在地上的玻璃杯，
或是在客廳中央把盒子裡的樂高倒得到處都是──
吼！這下可好，你就快火山爆發，想要怒吼飆罵了！
這時候，快來做呼吸練習吧，可以讓你消火舒壓：

- 讓自己獨處一會兒，而且要閉上雙眼。
- 開始做呼吸練習。
- 吸氣，並數到五。
- 稍微停住，屏氣三拍。
- 緩緩呼氣，並數到十。

反覆練習兩、三次，你就會感覺比較平靜，心情也從容許多。
要是你無法控制自己，剛剛已經發過飆了，
那麼，唯一的建議就是：請不要有罪惡感！
不要過於自責，對自己寬容一些吧！
別擔心，天底下所有的爸爸媽媽都會崩潰、都會大吼，
也都會聲嘶力竭……
然而，明天將會更好！

3

靜心練習：
幫助孩子培養專注力，
找回身心平衡

在柔和放鬆的背景音樂中，孩子閉上雙眼，擺好瑜珈姿勢開
始冥想……本書無法保證你家會出現這種畫面；但我們鼓勵
爸爸媽媽多引導孩子，在日常中建立規律的生活秩序，學習
每天自動自發的完成例行公事，多做放鬆練習和好玩的訓練
遊戲——如此一來，就算他還是會抓狂、鬧脾氣，但慢慢的，
他會開始懂得掌握自己的身心，靠自己的力量安穩下來、趕
走壞情緒。我們希望幫助孩子培養專注力，讓他懂得釋放過
多的精力，如此他會更從容，不至於老是毛躁又衝動。

練習前的準備與注意事項

這些練習活動若要能對孩子有幫助，你必須注意以下的環節，讓孩子練習時更專心，注意力更能集中。

給父母的檢查項目

• 布置一個安心又平和的環境。開始練習之前，必須確保環境的安寧祥和，凡是會讓孩子分心的人事物，都要移除。

❏ 務必要整理玩具。

❏ 把你（和孩子的）手機、平板電腦放遠一點，而且一定要關機。

❏ 電視和收音機都得關掉。

❏ 如果有兄弟姊妹，請他們先玩其他不會吵鬧的遊戲，或最好讓他們在另一個房間裡玩。

• 選擇雙方都合適的時間。孩子的專注力，在一天的不同時段會有高低起伏，雖然你可以為孩子選擇上午或下午來做練習，但挑選時還是以你們真的有餘裕為主。

❏ 孩子必須有空。

❏ 你必須有空。

❏ 不要選孩子剛放學回家的時候練習。一回到家通常需要轉換一下情緒，畢竟上了一整天課，精神容易疲勞，請避開這個時段。

這樣更棒！

多用「正增強」來引導孩子：正面的付出會帶來正面的結果。
我們希望孩子有好表現，並期望他能保持，
請用正面的誘導方式幫助他好上加好，這是一種正循環的力量。
對於孩子每一個小小的進步，以及他付出的各種努力，
你都要給予讚美。
孩子的自我評價會因此提升，他會更有自信。
所以，即使孩子練習的成果不如預期，
你還是要記得鼓勵他、讓他知道：我有被重視唷！

• 設法保持孩子的動機。動機能帶來成功，你要想辦法鼓舞孩子，讓他超期待一起做這些活動。

❑ 孩子要做的活動，務必讓他自己選擇。

❑ 所有的活動，從頭到尾都要讓孩子覺得愉快好玩。

❑ 活動類型要常常替換，才不會感覺疲乏。

• 留意活動時間的長短。活動要進行多久，並沒有一定標準，你要綜合考量各種因素來決定時間長短。

❑ 根據孩子的年齡，以及他的專心能力，靈活調整活動的時間長短。

❑ 只要一發現孩子似乎有點累了，像是開始分心、打呵欠……就得中止活動。

• 要有恆心、規律練習。和運動員一樣，只有持續的訓練，才能不斷進步。你得讓孩子按時反覆做這些活動。

畫重點

孩子最長能專心多久？
根據孩子的年齡會有所不同，
以下列出的專注力持續時間可供參考，
但每個孩子一定會有個別差異。

• 二～四歲：最多可專心十分鐘。
• 五～六歲：最多可專心十五分鐘。
• 六～十歲：最多可專心二十分鐘。
• 十歲以上的孩子：最多可專心三十分鐘。

讓孩子意識到自己的身體

你是不是常覺得奇怪，小寶貝為什麼這麼容易跌倒？為何他走路老是跌跌撞撞？其實這是因為嬰幼兒對於身體動作的表現和空間感，還無法掌握得很好，換句話說，他們對所謂的「身體基模」*，還不甚熟悉。

教孩子認識身體並加以控制

當孩子慢慢認識身體基模，他就會透過各種動作的經驗，去學習、確定自己的身體活動範圍，因此**更有能力處理自己的坐立不安**。他會累積自己的生活經驗，從中慢慢認識自己的身體，進而意識到自己處在某個空間裡、占據了什麼位置。在孩子的探索過程中，你要陪伴他、協助他去認識身體，並進一步學會控制身體。

畫重點

孩子需要認識身體的全貌，
這代表他要能夠意識到
「身體表現出來的整體運動」，
像是肢體的動作、擺出的姿勢，
以及身體的位置感。
隨著孩子的成長，
神經系統會漸漸發育成熟，
加上他會從生活中汲取經驗，
種種內在、外在因素
都有助於孩子更完整的認識身體。
一般來說，滿六歲以上的孩子，
大多已經可以認識自己的身體全貌。

活動　遊戲時間：我是強壯的大樹！

孩子能站立即可適用

• 請孩子站起身來，雙腳稍微分開，穩穩的踩在地上。請他閉上雙眼，想像自己是棵大樹，小腳下有深深紮進土裡的樹根，自己會從土壤中汲取力量。再來，假裝身體是樹幹，手臂就是樹枝。

• 請孩子向天空緩緩舉起雙臂，盡力伸長，好像要去觸碰雲朵一樣。此時，枝椏間偶爾有風吹過，要輕輕擺動雙臂，讓自己在風中搖晃。但別忘囉，雖然樹木會隨風搖曳，但雙腳一定要牢牢的根植大地。要像一棵大樹一樣，高大、強壯而穩固。

---

* 譯注：這個概念是由英國神經內科醫師亨利・海德（Henry Head）提出，人類的腦部包含一種內在模式，讓我們可以藉由身體和空間之間的協調感，來確認自己的位置。

● 建議孩子在每天早上起床時，都用這個遊戲來迎接新的一天。還有，爸爸媽媽請和孩子一起做！除了可以確實幫忙孩子練習，自己也能舒展身心。

遊戲時間：
魔法球的身體探險

六個月以上適用

幫孩子選一顆球（網球、按摩球、舒壓球、小汽球等皆可），叫它「神奇魔法球」。徵求孩子同意後，讓他先坐得舒舒服服，然後讓神奇魔法球以輕柔的力道，先從頭部開始，慢慢往下，一路滾過孩子的肩膀、雙臂、胸部、腹部、腿部，最後滾到雙腳即可。記得，神奇魔法球滾過的地方，都要稍作停留，每個部位來回滾動數次。

如果孩子三歲以上

可以由孩子自己操作，讓他拿魔法球在身上滾來滾去，**獨自**玩這個遊戲。

幫助孩子學會放鬆身體

孩子老愛橫衝直撞、都不好好走路、蹦蹦跳跳……你家也有一個「會走路的超強力電池」嗎？你是不是常有錯覺孩子身上被裝了彈簧，永遠動個不停？

長時間的神經緊繃會導致孩子的身體疲憊不堪、精神衰弱，當他持續承受這種精神張力，基本上他所忍受的痛苦並不會比你少，因為他根本無法放鬆。

孩子還小的時候，你就得教他**意識到緊張會在身體裡形成壓力**，請務必引導他**學習放鬆、讓自己停下來休息**，這非常重要！

活動　遊戲時間：一二三，把烏雲吹走啦！

三歲以上適用

• 請孩子直直站著，想像自己前面有一些厚重的烏雲。然後，請他先用力從鼻子吸氣，再屏住呼吸一會兒，同時縮緊全身肌肉，包括縮下巴、握拳頭、腳趾縮成一團、繃緊腹肌，以及扮個鬼臉。

• 接下來，請孩子用力用嘴巴呼氣，彷彿要猛力吹走面前的烏雲一樣。然後，請他放鬆身體，讓所有肌肉鬆弛下來。同時間，你要一邊鼓勵一邊觀察他的感受。讓孩子重複幾次這個遊戲，直到他把所有的烏雲吹光光。

畫重點

這項練習的基礎，
是「收縮－放鬆」的動作。
有些孩子特別容易緊張，
情緒的緊繃會導致身體肌肉也變得僵硬，
這項練習能讓他們意識到
自己的緊張狀態，
並協助他們釋放壓力、放鬆下來。

遊戲時間：奇妙動物散散步

五歲以上適用

• 讓孩子先舒服的坐好，同時閉上雙眼。接下來，詢問孩子：「你最喜歡哪種動物？是狗、金魚、獨角獸，還是老鷹（孩子的回答有時很無厘頭）？」

• 等孩子說出喜歡的動物，你就跟他說，這種動物具有奇妙的能力，可以讓人變得很放鬆。

• 請孩子開始想像：這隻奇妙動物會一直縮小，直到像螞蟻一樣小的時候，牠就會停在孩子的頭頂休息。奇妙的，有這隻小動物的幫忙，頭部會先放鬆，再來，下巴也跟著放鬆。這隻奇妙動物開始散步囉，牠先走到孩子的肩膀，一停下來就輪到肩膀放鬆了（此時孩子要感覺肩膀承受的壓力變得緩和）。繼續走呀走，動物又走過孩子的整隻手臂——於是手臂會變得又鬆又軟，軟得像橡膠一樣（整隻手因此放鬆了）。牠再跳到另一邊，讓另一隻手臂也跟著放鬆。之後，小動物再往下漫步，走到孩子的腹部，躺在孩子的肚臍上睡覺（此時，孩子會感覺到整個腹部輕盈）。隨後，小動物又緩緩再往下走，走過孩子的大腿，再走過他的膝蓋、小腿和小腿肚（沒錯，整條腿都跟著放鬆了）。走到底，這隻小動物會停在孩子的腳趾上（讓孩子從腳跟到腳趾全都能放鬆下來）。最後，再跳到另一隻腳，繼續另一邊的放鬆之旅。

小訣竅

年紀比較小的孩子，
可以用他們最愛的
熊熊或玩偶來進行這項活動。
你可以將玩偶輕輕放在
孩子身體的不同部位，
讓玩偶變身奇妙動物。

• 向孩子強調：「這隻小動物真的好神奇呢！」然後才讓小動物再開始散步，往上走過孩子腿部。最後請跟孩子說，每當他有需要或想要奇妙小動物來到身邊，他都可以召喚牠，請牠幫忙放鬆全身各部位。

這樣更棒！

盡量讓孩子在午睡前、
或晚上自己上床睡覺前玩這個遊戲。
這個活動能讓他完全放輕鬆，
也可以幫助他睡得更沉更安穩。

幫助孩子學會情緒管理

兒童的腦部發育尚未成熟，當情緒突然大量湧現，小孩就無法應付，而腦部要完全發育，大約需要二十年之久（總之，你不可能期望孩子的腦部明天就會長好，大人要有耐心）！因為不夠成熟，孩子很難控制自己的情緒反應，也無法掌握情緒對心裡的影響。如果一個孩子（跟其他孩子相比），精力特別充沛，他通常會需要大人從旁陪伴引導，以免被無法控制的情緒吞噬、而有過大的反應，他也才能學會紓解精力、表達自己的需求。

幫助孩子記錄與學習情緒管理的四大要點

1. 教孩子認識基本情緒。像是快樂、悲傷、憤怒，以及恐懼。還有，讓孩子分辨代表各種情緒的肢體語言，例如：幸福快樂時會露出微笑、生氣時會皺起眉頭、難過時會流下眼淚、害怕時會睜大眼睛。

2. 幫孩子辨識、並了解他所經歷的情緒。等那些引起孩子情緒反應的事件過去之後，你再跟孩子說明他身上的生理變化，分別代表哪一種情緒。例如「你的好朋友艾瑪插隊不讓你玩盪鞦韆的時候，你氣得滿臉通紅、臉色超臭！」或者是「我們要去騎旋轉木馬的時候，你在微笑，你有發現嗎？」

畫重點

學會表達情緒，為什麼這麼重要？無法表現情緒、不懂表達的孩子，只能將各種情緒都壓抑在內心深處，他不知道如何正視自己的感覺，更遑論懂得去考慮他人的感受。這樣的孩子容易缺乏同理心，也難以對他人展現出和善寬厚的態度。如果一個孩子知道該如何掌握情緒，也能應付比較強烈的情緒，當他面對生活中的不同處境，就會知道怎麼應對才恰當，這將有助於他發展良好的人際關係。對孩子來說，教他情緒管理的能力，就是一份珍貴的生命禮物！

3. 要多詢問、傾聽小寶貝的感覺。一定要仔細聽孩子說話，更要將心比心、表現出同理心。例如多問孩子：「出了什麼事呢？」或者是「你有什麼樣的感覺呢？」

4. 要說出情緒的名稱，並設法解決它。像是對孩子表示：「你不能留在外面玩，所以你很難過。」或者是，「我懂你在生氣，因為上床睡覺的時間到了，但你還想和我們在一起。」

活動　放鬆時間：我的情緒坐墊

兩歲以上適用

● 讓孩子挑一個喜歡的坐墊，上面可以有卡通圖案或某個他很喜愛的角色，或者坐墊的顏色是孩子偏愛的。要是家裡沒有，就帶孩子去商店挑一個。等孩子選好坐墊，你將這個坐墊取名為「我的情緒坐墊」。

● 無論孩子是憤怒、悲傷、焦慮，還是狂喜，只要他看起來快被強烈情緒給淹沒了，你就跟孩子說，情緒坐墊要上場囉！首先，讓他緊握住這個坐墊的邊邊，然後伸出雙臂，讓坐墊穩穩的平放。接下來，將他自己感受到的所有情緒，用想像的方式全部都放進這個坐墊裡面。然後請他縮回雙臂、靠近胸部，再使盡全身力氣，朝地上用力扔出坐墊，而且要用力喘口氣。

放鬆時間：丟出憤怒球！

四歲以上適用

● 給孩子一張白紙和幾支色鉛筆或彩色筆。根據孩子年齡，引導他畫下或寫下自己的感受。例如你可以對孩子說：「你現在是不是正在生氣、心裡很煩，或者是受到驚嚇，對嗎？要不要來畫畫看那些讓你覺得很煩、很不安，或是讓你生氣的事。還有，你的身體是不是因為這樣而變得不同？也都可以畫下來。」孩子畫完的時候，請他用力把圖畫紙揉成一團，變成一顆球。接下來，先要他深吸一口氣，然後吐氣時朝地上或者牆上，盡量用力丟出這顆紙球。要是孩子

覺得一次不夠過癮，可以建議他再來幾次。

● 孩子用力呼氣時，他的怒氣會因此釋放、隨之消散無蹤。

● 這項練習首先讓人先接納自己的負面情緒，像是憤怒、恐懼，或者是煩躁不安，接著再把壞情緒用力丟掉。做完後，彷彿也為自己的心裡清出一點時間與空間，更能客觀面對事情。

幫助孩子學會專心

「你又把棒球帽忘在學校了！」「你不是才剛坐下來，畫沒兩下就不畫了？」「拜託你專心一點，不要在椅子上動來動去！」孩子無法專心，有時候是因為個性太好動，但也可能是有 ADHD 的問題。

專心是一種能力。這種能力可以讓一個人把自己的全副腦力和注意力用在處理單一事項或問題上，當孩子進入專心狀態，其他較不重要的資訊或周遭的刺激都無法影響到他，他會將自己的感官能力，全面投注在眼前最明確的目標，全神貫注、專心一意。然而，對於嬰幼兒來說，要他專心絕對不是簡單的事。

在孩子的成長過程中，無論是日常生活的動作學習（像是自己刷牙、騎腳踏車、綁好鞋帶），或是學業上的課程學習（例如閱讀、算術、書寫），都很需要專注力，這絕對是不可或缺的重要訓練。

這種集中心神、讓自己專注於某個目標的能力，會隨著年齡而增長；換句話說，年紀比較小的孩子，比較不懂得根據事情的優先順序來控制自己的專注力。

孩子怎麼意識到自己分心了？一般大概要到十歲左右，才能控制得宜，讓自己不至於老是心不在焉。**專心是一種必須靠後天學習的能力，並非人類一生下來就做得到，而且這種能力，需要自己維持，才得以成長發展。**

畫重點

孩子的生理時鐘，
以及他從事的活動，
都會影響他的「專注力」，
而且孩子的專注度一整天
會有高低起伏，
不可能時時刻刻都一樣。
如果有特別需要孩子努力
參與的活動或工作，
你就要挑他注意力比較高的時段，
誘導他專心去做。

雖說每個孩子狀況不同，
專注的巔峰狀態也會有所差異，
不過，注意力最好的時段，
一般來說都是在上午時段，
以及下午一點到四點之間。

遊戲時間：我的專心泡泡

五歲以上適用

- 請孩子坐下，坐姿要他自己覺得舒適，同時最好能請他閉上雙眼。

- 接著誘導孩子，想像自己在一個舒適的安樂小窩裡，這裡放滿了羽毛、坐墊、棉絮，在他的周圍，有一個巨大的透明泡泡環繞著他。那個泡泡很像是超大的肥皂泡泡，不過，它很牢固。

- 告訴孩子，他現在正舒服的坐在泡泡裡，這是他的專心泡泡，坐在裡面的時候，他就能完全集中心神，任何人事物都不會打擾到他。當他在泡泡之中，會感覺好安心，也可以專心思考。

小訣竅

另一個變化玩法
是讓孩子起立站直，
先朝天空舉起雙臂，
再將手臂往下、
在自己周圍畫出一個
超大型的泡泡。
向孩子解釋，
他用手畫出來的這個空間，
全歸他所有，沒有他的允許，
誰都不能進入這個區域。
每當孩子需要自己安靜下來，
以及他需要專心時，
不妨鼓勵他在開始做事之前，
先用手畫一個屬於
他的專心大泡泡。

遊戲時間：我的祕密手勢

五歲以上適用

● 請孩子做一個小動作，跟他說這是屬於他的祕密手勢。這個手勢必須是孩子在公共場所也能輕鬆做出來、而且不需使用道具的動作，可以是大拇指和食指相互摩擦、碰碰自己的一隻耳朵、讓腳踝轉動，或用手梳梳頭髮之類的。不過要是你觀察到孩子平時就有習慣性的小動作，不妨請他直接把這個小動作當成祕密手勢，效果會更強大唷！

● 請孩子先閉上雙眼，才做出祕密手勢，同時要深呼吸，好讓全身從頭到腳都放鬆下來。請跟孩子說，祕密手勢具有一種力量，能幫助他更平靜甚至更專

畫重點

在身心放鬆療法（sophrologie）的領域，這項技巧稱為「暗號手勢」。它能讓孩子不管在什麼時間地點，都可以應付自身情緒，也能提升專注力。設計手勢的用意，在於讓人產生正向的感覺，並藉此更專心。有不少頂尖運動員會運用這項技巧幫自己打氣、做好上場前的心理建設。

心，而且他愈常使用，它的魔力就愈強大，平常要多練習。並提醒他，只要他有需要，隨時隨地都可以運用手勢的力量。

幫助孩子睡得更好

孩子愈疲憊，就會像是金頂電池的那隻兔子！睡眠不足會令孩子更神經質，當他累過頭，反而會停不下來，他會手舞足蹈、煩躁不安，或動不動就生氣抓狂。某些研究甚至指出：睡眠障礙可能會引發過動症的症狀。

睡眠品質關係著體力的恢復，對於人類的學習與記憶，睡眠貢獻良多，所以好好睡覺對所有人都至關重要。另外，孩子睡覺的時候會分泌生長激素這種荷爾蒙，**小寶貝要健康幸福的長大，品質良好的充足睡眠絕對不能少。**

根據孩子的年齡差異，睡眠時間長短也會有所變化：

● 兩～三歲：每天夜裡睡十到十二小時，午覺則睡兩小時。

● 三～六歲：每天夜裡睡十小時，午覺則睡一小時。

● 六～十二歲：每天夜裡睡九小時。

活動

遊戲時間：跟著海豚的躍動呼吸

五歲以上適用

● 讓孩子舒舒服服的平躺在自己床上，同時閉上雙眼。請他想像眼前是一片大海，海裡有隻海豚，牠在海浪中蹦蹦跳跳的玩水。跟孩子說，他一吸氣，這隻海豚就會沉入海裡；他一呼氣，海豚會重新浮上海面，在浪花上跳動。然後你用手比畫，為孩子勾勒出海豚在浪裡跳躍的景象，讓這個畫面能清清楚楚的呈現在他的腦中。同時，請小寶貝至少得跟著這畫面呼吸一分鐘，才能感覺到身

體放鬆了，心神也平靜下來。

● 如果是嬰幼兒，你可以先將孩子抱在懷裡，再由你自己做「諧振式呼吸」（cohérence cardiaque），或者你一邊做一邊將一隻手放在孩子胸前。做法如下：你以鼻子深深吸氣，先數到五，然後再以嘴巴呼氣，並同樣數到五。請至少要做三分鐘這樣的呼吸，孩子會模仿你的動作，接下來他的呼吸會慢慢與你同步，漸漸的就能自己平靜下來。

遊戲時間：小肚肚變電梯

兩歲以上適用

● 要孩子拿著他睡覺時習慣抱的玩偶，或是他很喜歡的絨毛玩具。然後請他臉部朝上，舒舒服服的平躺在自己床上，並將玩偶放在他肚子上。

● 接著，請孩子吸氣時鼓起肚子，讓肚子像汽球一樣，好讓肚子上的玩偶跟著

升高，彷彿是玩具搭上電梯了。再來，請孩子緩緩吐氣，讓「電梯」裡的玩偶慢慢下降，也讓肚子汽球裡的空氣慢慢洩氣。請小寶貝在他想睡覺之前玩這個遊戲，看他需要玩多久，就玩多久。

幫助孩子恢復自信

孩子老是被罵、他的言行舉止常受到嘲笑，或者大人規定的目標他總是做不好……有時候，孩子就像一個四處引起災難的小龍捲風，走到哪，麻煩就跟到哪；但再會闖禍的孩子，也會為了喪失自信或自尊低落而苦惱。自信，絕對是孩子的人生旅途中很重要的行囊，要邁向自己設定的目標，學會超越障礙，擁有和諧的人際關係，孩子在成長之路就要學會培養自信。

幫助孩子加強自信的四大原則：

1. 肯定孩子的努力：有時候，大人對孩子的恭維聽起來的確很假、又不切實際——比方說，孩子用黏土捏的蝸牛，看起來根本像奇怪的波浪；或孩子想幫自己穿衣服，卻把內褲穿到長褲外面……你一定會懷疑，這時候給他讚美，對於幫他建立自信會有用嗎？其實，我們要重視的是孩子為了達到成果所付出的努力。例如你可以讚美孩子：

「你已經運用得很好了。」或是肯定他：「你已經盡力嘗試，下一次，你會做得更好。」

2. 務必要信任孩子：孩子需要你信任他。我們雖然要幫孩子衡量風險，卻不應過度保護孩子，一定要讓他自己去探索世界。例如你可以正面提醒孩子：「地上滑溜溜的，你有看到了喔？」而非去警告他：「小心一點，你這樣亂跑會跌倒，到時痛的人是你！」另外，有些小工作是孩子能力所及的，例如把麵包放在餐桌、準備下午吃的小點心，或端一杯水之類的事，你都要信任他能做到。

3. 不要替孩子做事：比起讓孩子自己負責穿上外套，你幫他穿，一定更快更省事；可是，你「幫孩子做事」這種行為，卻會向他傳遞一種訊息：「你就是做不到」。爸爸媽媽只要記得，設定的目標要適合他的年齡、合乎他的能力，然後就盡量放手讓他自己動手吧。

畫重點

孩子打從出生起，
就開啟了建立自信的過程。
每一個孩子都需要感覺到
被愛、被重視，並被接納，
他才能夠學習自我肯定。
情感上的安全感，
是培養自信的關鍵所在！

4. 一定要避免比較：每個孩子都會依自己的步調長大，在成長過程中，也都會有屬於自己的學習節奏。我們要小心，別讓大人的七嘴八舌擾亂了他的成長步伐，請不要動不動就拿他和他人做比較，像是批評他：「你的好朋友儒勒都會寫自己名字了！你呢？」或說：「你表妹比你小一歲，人家已經會自己穿衣服了耶！」孩子的每一個進展，你都應該給予肯定，他的進步會有其價值，你如果多給予正面的鼓舞，更能大大提高效果。例如你可以鼓勵孩子：「你現在已經會踩腳踏車了，之後可以試試看拆掉輔助輪，應該很快就能學會直接騎腳踏車了唷！」

活動 遊戲時間：在夢想王國旅行

三歲以上適用

● 請孩子先舒適自在的平躺下來，閉上雙眼，並花點時間做深呼吸。接下來，誘導孩子，要他想像自己即將啟程，正要前往一個「什麼事都有可能發生」的國度旅行。那個國家很神奇，簡直像是他夢想中的王國——在那裡，可能到處都有糖果，或者有旋轉木馬，總之，只要孩子喜歡什麼，這裡就有什麼。在這個奇妙的夢想王國裡，他都會心想事成，像是他可以爬上高高的山頂、可以騎在馬背上奔馳，或者是可以游過好大的海洋……

● 孩子在探索這個夢想王國的時候，你要陪在孩子身邊，請他想一想，分享他透過身體感覺到的所有一切，包括他很愜意的心情、很正面的情緒等等。你可以多提一些問題，幫孩子盡量多聯想各種細節，例如問他：「你看到什麼了呢？現在有什麼感覺？你聽到什麼聲音？」然後，等探索之旅結束，別忘了提醒孩子靜靜恢復呼吸，並緩緩睜開雙眼。

這樣更棒！

最後，請問問孩子，既然已經造訪「什麼事都有可能發生」的夢想王國，那麼要不要把它畫出來？這時候你得誘導孩子，把他進行探索之旅時，經由身體感受到的感覺，盡量一一表達出來。

畫畫時間：我的超棒蝴蝶！

五歲以上適用

• 首先，告訴孩子，世界上的蝴蝶長得各不相同，每一隻都是獨一無二的。然後請看下一頁的圖樣，請孩子來畫蝴蝶。詢問小寶貝，怎麼讓這隻蝴蝶變成一隻天下無雙的蝴蝶呢？這隻蝴蝶有什麼特徵，以及牠的優點和能力分別是什麼？還有，這隻蝴蝶做什麼事會做得很好？請孩子在蝴蝶的翅膀上面，寫下自己的優點。例如「我很會跳繩！」或者是「我會數到一百喔！」以及「我有一頭漂亮的頭髮。」

• 除了最大的優點，還有其他小小的能力，也都可以寫上來。然後孩子就可以開始為這隻蝴蝶著色，並幫牠補畫原本沒有的部分，讓畫裡的蝴蝶變得完整。

• 完成以後，將這隻蝴蝶貼在孩子的房裡。當小寶貝表現欠佳，或是當他出現自我懷疑，你就馬上讓孩子看這隻蝴蝶，使他能想起自己的力量與優點何在。此外，只要發現孩子有任何新的進步，你都可以在這張蝴蝶畫上面，為孩子做補充，讓優點越來越豐富。

照顧好動孩子的 十大正向教養原則

1. 務必要以身作則

孩子會觀察大人，也會模仿大人，他正是透過這兩種方式在學習。因此，如果你生氣的時候，能夠克制自己冷靜下來，那麼，孩子就會學習相同的態度。同理，要是你老是對孩子大吼：「別叫了啦！」你用大叫的方式命令另一個人不要大叫，這種自相矛盾很可能會造成孩子的困惑……

2. 一定和孩子一起玩，把時間用在孩子身上

要引導孩子，特別是提升 EQ 方面的訓練，遊戲絕對是最佳手段。遊戲能讓身心恢復平衡、舒緩壓力，同時能讓親子感情更親密。話雖如此，要是某種遊戲你不喜歡，千萬不要逼自己玩。倘若你最愛的是畫圖，你不妨與孩子一起畫畫，至於桌遊？就讓家裡熱愛桌遊的其他照顧者陪孩子玩吧，你們可以一起創造不同的回憶。

3. 不要處罰孩子，要先考慮代替方案

處罰往往有反效果，也會傷害孩子的自信。如果孩子不守規矩，你要引導他反省自己的行為，同時要提醒他，表現良好會獲得什麼好處。此外，也可以問問孩子，你可以為他做些什麼，才能幫上忙，讓他不至於又耍脾氣或不守規矩。

4. 接納孩子的情緒，讓孩子說出情緒

儘管這裡談到的是你得接納孩子情緒，然而，你自己的情緒，你也必須接納。畢竟你有權利生氣，也一定要表達出你的怒氣。

5. 一定要鼓勵孩子

在孩子的學習過程中，與其恭維他，倒不如鼓勵他，這樣的陪伴才更有意義。也因此，你必須重視孩子的進步，他在過程中的堅持不懈，你也一定要給予大力肯定。

6. 讓孩子有可以選擇的機會

當你希望孩子承諾做好某些事，一味吩咐他做這個做那個是沒什麼效果的。要引導孩子做得更好，比較有效的方法，就是在適當的範圍內提供他一些選擇。例如你不妨對孩子說：「你比較喜歡騎腳踏車去買麵包，還是比較喜歡騎滑板車去呢？」或者是對孩子表示：「你比較想要現在就去刷牙，還是想穿好睡衣之後再去刷牙呢？」

7. 務必要信任孩子

孩子需要你信任他，他才能培養自信，也才會養成獨立自主的能力。儘管信任孩子，也代表要承擔他出差錯的風險，然而，失敗也是學習過程的一部分。千萬不要因此責罵孩子，也不要為此代替孩子做事。你要著重在孩子做到的事，如果他犯錯，你必須鼓勵他補救疏失。

8.　千萬要好好照顧你自己

你必須對自己好一點，也要留給自己一些時間，然後你才能更妥善的照料孩子。所以無論如何，都必須想到「務必讓自己開心」！不管你是打算運動健身，或者是按摩、看電影、和朋友一起出門……

9.　你不必扮演一百分的父母

既然為人父母不可能完美無瑕，你就放輕鬆一點吧！你得接受你的力量有限，也要接受自己不可能每分每秒盯著孩子、不可能全盤掌握他的一切。你當然也會犯錯，此時最重要的是花點時間，重新省視自己、嘗試改變自己，但不要有罪惡感。你要了解一點：對孩子來說，世上沒有其他父母會比你來得更好！你絕對可以當個稱職的爸爸或媽媽，一定要對自己有信心。

10.　一定要付出許許多多的愛

對孩子來說，最重要的是他要能感到安心、感到被愛。小寶貝很需要感受到有人重視自己，就好像有一個儲存信心與溫情的蓄水池，每天都會有人為他注入滿滿的愛。無論是抱抱、親親，或是告訴他愛的話語，都是寶貝最需要、也是他最珍貴的資源。此外，催產素有「愛的荷爾蒙」之稱，催產素的分泌有助於身心平靜。當孩子情緒波濤洶湧，以致他無法應付，父母適時的擁抱能刺激催產素分泌，讓他的腦部平靜下來。請盡量大方的給孩子抱抱吧，擁抱越多越好，你給孩子的愛，絕對是多多益善！